EUL
VERLAG

MITTELSTAND

Herausgegeben von Prof. Dr. Martin Kaschny, Koblenz, Prof. Dr. Michael Kaul, Koblenz, und Prof. Dr. Holger Reinemann, Koblenz

Band 1
Matthias Wolters und Martin Kaschny
Geschäftsprozessmanagement in KMU – Dargestellt anhand der Auftragsabwicklung in der Gebäudetechnik
Lohmar – Köln 2010 • 188 S. • € 48,- (D) • ISBN 978-3-89936-967-0

Band 2
Johannes Alt und Martin Kaschny
Alternative Finanzierungsformen im Mittelstand
Lohmar – Köln 2015 • 216 S. • € 55,- (D) • ISBN 978-3-8441-0422-6

JOSEF EUL VERLAG

Reihe: Mittelstand · Band 2

Herausgegeben von Prof. Dr. Martin Kaschny, Koblenz, Prof. Dr. Michael Kaul, Koblenz, und Prof. Dr. Holger Reinemann, Koblenz

Johannes Alt
Prof. Dr. Martin Kaschny

Alternative Finanzierungsformen im Mittelstand

Bibliografische Information der Deutschen Nationalbibliothek

Die Deutsche Nationalbibliothek verzeichnet diese Publikation in der Deutschen Nationalbibliografie; detaillierte bibliografische Daten sind im Internet über <http://dnb.d-nb.de> abrufbar.

ISBN 978-3-8441-0422-6
1. Auflage September 2015

JOSEF EUL VERLAG GmbH
Brandsberg 6
53797 Lohmar
Tel.: 0 22 05 / 90 10 6-6
Fax: 0 22 05 / 90 10 6-88
E-Mail: info@eul-verlag.de
http://www.eul-verlag.de

Bei der Herstellung unserer Bücher möchten wir die Umwelt schonen. Dieses Buch ist daher auf säurefreiem, 100% chlorfrei gebleichtem, alterungsbeständigem Papier nach DIN 6738 gedruckt.

Vorwort

Der vorliegende Beitrag der Schriftenreihe Mittelstandsmanagement des Instituts für Cluster- und Mittelstandsmanagement befasst sich mit der Finanzierung von KMU. Dabei wird neben den klassischen Formen der Finanzierung wie Bankkrediten insbesondere auf alternative Finanzierungsformen eingegangen, die – oftmals unberechtigt – bei der Finanzierungsentscheidungen vernachlässigt werden.

Bei den kurzfristigen Krediten sind dies bspw. Kunden- und Lieferantenkredite. Bei den langfristigen Krediten werden Schuldscheindarlehn, Private Debt oder Gesellschafterdarlehn oftmals zu Unrecht nicht in Erwägung gezogen. Weitere alternative Finanzierungsinstrumente, die bei KMU häufig vernachlässigt werden, sind Finanzierungsleasing, Factoring oder Asset-Backed-Securities.

Bei der Finanzierung von KMU werden weitere Formen der Finanzierung beinahe achtlos übergangen. Hierzu zählen vor allem Formen der Mezzanine Finanzierung, aber auch das Private Equity oder Venture Capital.

Abschließend werden im vorliegenden Buch potenzielle Finanzierungsinstrumente beschrieben die zukünftig bei der Finanzierung von KMU an Bedeutung gewinnen könnten. Dazu zählen Crowdfunding, Unternehmensanleihen und – wenn auch nur vereinzelt – ein möglicher Börsengang.

In den Beiträgen der vorliegenden Schriftenreihe wird auf eine Verbindung zwischen Theorie und Praxis Wert gelegt. Dementsprechend werden auch im vorliegenden Band die theoretischen Aussagen durch Expertenbefragungen untermauert. Auf diesem Wege sollen theoretische Ausführungen zur Finanzierung von KMU praxisnah überprüft werden.

Nicht zuletzt möchten wir uns besonders bei unseren Familien für ihre Geduld und Nachsicht während der Fertigstellung des Buches bedanken!

Koblenz, im Mai 2015

Prof. Dr. Martin Kaschny Johannes Alt

Inhaltsverzeichnis

Abbildungsverzeichnis

Tabellenverzeichnis

Abkürzungsverzeichnis

ABS	Asset Backed Securities
BaFin	Bundesanstalt für Finanzdienstleistungen
Basel I (II) (III)	Baseler Akkord I (II) (III)
IRB-Ansatz	Bankinterner Ratingansatz
BDI	Bundesverband der Deutschen Industrie e. V.
EK-Quote	Eigenkapitalquote
GmbHG	Gesetz betreffend die Gesellschaften mit beschränkter Haftung
Grundmietzeit	GMZ
GuV	Gewinn- und Verlustrechnung
IAS	International Accounting Standards
ISB	Investitions- und Strukturbank Rheinland-Pfalz
IfM Bonn	Institut für Mittelstandsforschung Bonn
IFRS	International Financial Reporting Standards
KfW	Kreditanstalt für Wiederaufbau
KGaA	Kommanditgesellschaft auf Aktien
KStG	Körperschaftsteuergesetz
ND	Nutzungsdauer
p. a.	Per anno
PDL	Partiarische Darlehen
PublG	Publizitätsgesetz
SBA	Small Business Act
SME	Small and medium-sized enterprises
UG	Unternehmergesellschaft
US-GAPP	United States Generally Accepted Accounting Principles

1 Gegenstand des Buches

1.1 Problemstellung

Im Zuge der Weltwirtschaftskrise, die durch die US-Immobilienkrise im Jahr 2007 ausgelöst wurde, ist das Risikobewusstsein der Kreditinstitute sowie der Unternehmen gestiegen. Die strenger gefassten Regelungen der Eigenkapitalvorschriften von Banken – resultierend aus den Reformen Basel II und III – führen zudem zu Schwierigkeiten bei der Inanspruchnahme der klassischen Finanzierungsinstrumente. Dies trifft insbesondere kleine und mittlere Unternehmen (KMU). Grundsätzlich bedeuten diese Änderungen für KMU, dass sie sich an neuen, verschärften Ratingprozessen orientieren müssen, um weiterhin Kredite zu erhalten. Darüber hinaus sind vor allem KMU der wachsenden Komplexität und Dynamik des Wettbewerbsumfeldes ausgesetzt, die in den letzten Jahren durch die Globalisierung verstärkt wurde.

Eine Möglichkeit, den Auswirkungen der Finanzkrise und den strengeren Anforderungen der Banken entgegenzuwirken, bieten alternative Formen der Finanzierung. Diese werden u. a. von privaten Investoren, Beteiligungsgesellschaften, Kunden sowie Lieferanten gewährt und stellen dem Unternehmen Geld-, Sach- oder Dienstleistungen zur Verfügung.

Mittelständische Unternehmen stehen vor der Herausforderung, aus der Vielzahl alternativer Finanzierungsinstrumente die für sie geeigneten Finanzquellen herauszufiltern. Einflussfaktoren wie die Rechtsform oder das Umsatz- und Handelsvolumen stellen dabei wichtige Entscheidungsgrößen dar, die gewisse Finanzierungsformen ermöglichen oder gänzlich ausschließen. Darüber hinaus ist eine genaue Abwägung und Gewichtung der jeweiligen Vor- und Nachteile empfehlenswert. Die Finanzierungsinstrumente dürfen dabei nicht in Konflikt mit den übergeordneten Unternehmenszielen stehen und sollten die Wahrung der Autonomie des Unternehmens gewährleisten. Die optimale Wahl der Finanzierungsinstrumente und deren zielgerichteter Einsatz können die Stellung des Unternehmens im Wettbewerb stärken und seinen Fortbestand nachhaltig sichern.

1.2 Zielsetzung

Ziel dieses Buches ist es, ausgewählte Finanzierungsinstrumente für KMU darzustellen sowie deren aktuelle Bedeutung für mittelständische Unternehmen aufzuzeigen. Dabei werden auf Grundlage theoretischer sowie explorativer Untersuchungen die Vor- und Nachteile der klassischen und alternativen Finanzierungsmöglichkeiten analysiert und vor dem Hintergrund der aktuellen Lage der KMU betrachtet. Ergänzend werden Förderprogramme der Europäischen Union, des Bundes sowie der Bundesländer speziell aus Sicht der KMU beurteilt. Daraus resultierend, werden Handlungsempfehlungen abgeleitet, die kleine und mittelständische Unternehmen mit Blick auf eine optimale Finanzierungsstrategie beachten sollten.

1.3 Struktur des Buches

Das nachfolgende zweite Kapitel dient der Vermittlung von Grundlagen im Bereich Finanzierung und KMU, auf denen die weiteren Abschnitte des Buches aufbauen. Dafür wird zunächst der Begriff Mittelstand definiert und mit den dazugehörigen quantitativen und qualitativen Merkmalen untermauert. Ferner werden die typischen Charakteristika von KMU anhand der Organisationsstruktur sowie der geografischen Lage aufgezeigt. Ergänzend dazu, werden die gesamtwirtschaftliche Bedeutung von KMU in Deutschland beschrieben sowie die Finanzierungssituation mittelständischer Unternehmen erläutert. Abschließend werden die Finanzierungsformen von KMU, gegliedert nach Innen- und Außenfinanzierung, vorgestellt.

In Kapitel drei wird zunächst die Kapitalstruktur von KMU analysiert. Dazu werden unter Beachtung der Kapitalstrukturregeln potenzielle Optimierungskriterien aufgezeigt. Im weiteren Verlauf dieses Kapitels wird die Eigenkapitalquote von KMU mittels der vorgestellten Untersuchungen der KfW-Bankengruppe sowie den Erkenntnissen aus den Experteninterviews analysiert. Zudem werden Eigenkapitalquoten von KMU in Deutschland aufbereitet und untersucht.

Kapitel vier behandelt die Bedeutung der klassischen Instrumente zur Kreditfinanzierung für KMU in Deutschland. Diesbezüglich werden u. a. Kunden- und Lieferantenkredite, Schuldschein- und Gesellschaftsdarlehen, Private

Debt sowie der kurzfristige und langfristige Bankkredit definiert. Ferner werden bezüglich dieser Möglichkeiten signifikante Eigenschaften und Anforderungen charakterisiert sowie Finanzierungskosten beschrieben. Zudem werden sowohl Vor- als auch Nachteile verschiedener Instrumente gewichtet und detailliert erläutert. Der hohe Stellenwert der klassischen Kreditfinanzierung sowie die vielfältigen Einflussfaktoren, die auf die Banken hinsichtlich der Kreditvergabe einwirken, werden dabei hervorgehoben. Darüber hinaus werden die Grundlagen und Zielsetzungen von Basel II sowie III skizziert. Schließlich werden die Auswirkungen der Kreditvergabe auf KMU dargestellt.

Alternative Finanzierungsinstrumente und deren Anforderungen werden in Kapitel fünf vorgestellt. Factoring, Asset-Backed-Securities und Beteiligungskapital werden definiert und bezüglich der jeweiligen Eigenschaften und Kosten analysiert. In Bezug auf Eigenkapitaleinlagen wird dabei auf die Aufnahme neuer Gesellschafter sowie Private Equity und Venture Capital eingegangen. Ferner werden Mezzanine-Finanzierungsformen, wie das Nachrangdarlehen, die stille Gesellschaft sowie das Genussrecht, vorgestellt. Abschließend zeigt ein Zwischenfazit die wichtigsten Erkenntnisse dieses Kapitels auf.

In Kapitel sechs werden die Finanzierungssituation der KMU aufgezeigt und die Bedeutung der genannten Instrumente dargestellt. Die Grundlage dieses Abschnitts bilden die Auswertungsergebnisse der Expertenbefragung, die eine praxisnahe Überprüfung theoretischer Ansätze der Finanzierung von KMU gestatten.

Kapitel sieben veranschaulicht unter Beachtung von Experteninterviews die Bedeutung von Universalbanken für die Finanzierung von KMU. Zudem wird die Eignung der Kreditinstitute in Hinblick auf die Finanzierung mittelständischer Unternehmen untersucht.

Die Unterschiede zwischen den wichtigsten Förderungsinstituten, die KMU auf EU-, Bundes- und Länderebene in Deutschland unterstützen, werden in Kapitel acht erläutert.

In Kapitel neun wird die zukünftige Relevanz der klassischen sowie der alternativen Finanzierungsinstrumente bewertet. Berücksichtigung finden hierbei zudem die Entwicklung des Bankkredites, die Unternehmensanleihe und der Börsengang.

Im zehnten und letzten Kapitel werden die Ergebnisse der Untersuchung zusammengefasst und abschließend beschrieben.

1.4 Forschungsstrategie

Um die theoretischen Schlussfolgerungen dieses Buches zu untermauern, wurde eine explorative Untersuchung durchgeführt, die mittels eines qualitativen, nicht standardisierten Fragebogens realisiert wurde. Diese Methode zeichnet sich dabei durch einen im Vorhinein zirkulär angelegten Forschungsprozess aus.[1] Die Forschungsschritte werden in einer festgelegten Reihenfolge durchlaufen. Der jeweils folgende Schritt baut auf den Erkenntnissen des vorhergehenden Schrittes auf. Zu Beginn der Untersuchung ist das Verständnis über den Gegenstand der Untersuchung dementsprechend gering. Basierend darauf, werden anfangs lediglich die grundlegende Vorgehensweise, wie das Erhebungsverfahren, die Wahl der Probanden sowie der Ablauf der Auswertung, festgelegt. Die beschriebenen Teilphasen können dabei Auswirkungen auf das weitere Vorgehen oder auf die Modifikation der Fragestellung haben. Inwiefern die Wahl der Erhebungsinstrumente und der befragten Personen richtig war, zeigt sich im Verlauf der Untersuchung.[2]

Um die theoretischen Erkenntnisse dieses Buches zu stärken, wurde ein Fragebogen an 45 KMU versendet. Die Auswertung dieser Ergebnisse wird gesondert in Kapitel sechs betrachtet. Darüber hinaus wurden Gespräche mit Finanzierungsexperten darüber geführt, ob die theoretisch möglichen Finanzierungsinstrumente auch Anwendung in der Praxis finden. Die Ergebnisse untermauern dabei die Aussagen der einzelnen Kapitel und können zusätzlich im Anhang IX sowie X eingesehen werden. Auf eine gesonderte Betrachtung dieser Interviews wird demnach verzichtet.

---

[1] Vgl. Lamnek, 2005, S.194.

[2] Vgl. Witt, 2001, S. 4 f.

Nachfolgend wird zunächst der Fragebogenaufbau erläutert. Im Anschluss daran werden die Struktur der Experteninterviews aufgezeigt sowie der Ablauf der einzelnen Gespräche beschrieben.

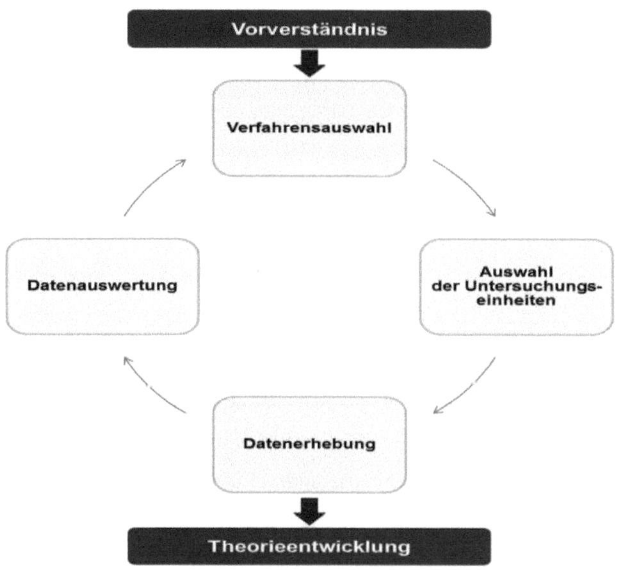

Abbildung 1: Die qualitative Forschungsstrategie[3]

1.4.1 Aufbau des Fragebogens

Um eine umfassende Gestaltung des Fragebogens entsprechend der wissenschaftlichen Standards zu gewährleisten sowie den Einsatz geeigneter Fragenformate zu erreichen, wurde der Fragebogen nach den Phasen von Homburg und Krohmer erstellt:[4]

- Frageninhalte
- Fragenformate
- Fragenformulierungen
- Fragenreihenfolge

---

[3] In Anlehnung an Witt, 2001, S. 5.
[4] Vgl. Homburg/Krohmer, 2009, S. 296.

- Äußere Gestaltung
- Optimierung
- Fertigstellung

Die ausgewählten Finanzierungsinstrumente werden im Rahmen des Fragebogens auf ihre Eignung und Bedeutung für KMU in Deutschland untersucht. Die ausgewählte Zielgruppe, die hier als Stichprobe fungiert, ist klar durch die Definition von Unternehmensmerkmalen abgegrenzt und definiert. Dabei richtet sich die Anzahl der befragten KMU nach der Praxisrelevanz und nicht nach Repräsentativkriterien.[5]

Die in die Stichprobe aufgenommenen Unternehmen wurden zunächst den quantitativen und qualitativen KMU-Merkmalen entsprechend ausgesucht und dann getrennt voneinander befragt. Die anonymisierten Fragebögen können dem Anhang unter Anlage XXVII bis LII entnommen werden.

Auf Grund der begrenzten Zahl an Rückläufen ist zu betonen, dass die Befragung nicht repräsentativ ist. Gleichwohl kann als Gütekriterium genannt werden, dass die befragten Unternehmen in unterschiedlichen Geschäftsfeldern aktiv sind. Eine geografische Streuung der Unternehmen konnte nicht erreicht werden.

1.4.2 Expertengespräche

Die qualitative Erhebung wurde mittels einer Expertenbefragung in Form eines offenen, teilstandardisierten Leitfadengespräches durchgeführt. Diese Interviewform stellt ein an einem Interviewleitfaden orientiertes Verfahren dar, das sicherstellt, dass der Interviewer die relevanten Themengebiete und Fragen anspricht. Durch diese Vorgehensweise besteht für den Befragten die Möglichkeit, sich während des Gesprächs frei zu äußern.[6] Dadurch können sowohl quantitative als auch qualitative Aspekte erfasst, gemessen und interpretiert werden.[7] Die Fragen zu verändern, zu ergänzen oder wegzulassen, liegt im Ermessenspielraum des Interviewers. Das Leitfadeninterview

[5] Vgl. Lamnek, 2005, S. 384.

[6] Vgl. Mayring, 2002, S. 66.

[7] Vgl. Atteslander, 2010, S. 133 ff.

lässt sowohl eine Strukturierung der Aussagen der Gesprächspartner als auch eine Vergleichbarkeit der gewonnenen Daten zu.[8]

Bezüglich des Aufbaus der Expertengespräche ist anzumerken, dass alle Interviews in deutscher Sprache geführt wurden und am jeweiligen Arbeitsplatz der Befragten stattfanden. Die generierten Informationen sollten zur späteren Analyse transkribiert werden. Auf Grund mangelnder Einverständniserklärungen konnten die Befragungen jedoch nicht auf Tonband festgehalten werden. Daher wurden die Interviews schriftlich festgehalten.

Im Anschluss an die jeweiligen Interviews wurden die gesammelten Daten anhand qualitativ strukturierter Inhaltsanalysen ausgewertet. Das Ziel dieser Auswertungsmethoden ist die Identifizierung sowie Verbindung der relevanten Motive, Inhalte und Aspekte in Bezug auf die Forschungsfrage aus dem gewonnenen Datenmaterial. Außerdem können anhand der diagnostischen, prognostischen und kommunikationstheoretischen Funktionen dieser analytischen Auswertungsinstrumente die Verhaltensweisen der Gesprächspartner prognostiziert werden. Somit können die Wirkungszusammenhänge von Inhalten verdeutlicht werden.[9]

Die Expertengespräche werden für die Prüfung und Verbindung der Theorie mit der betrieblichen Praxis genutzt. Es erfolgt keine gesonderte Auswertung, vielmehr wird innerhalb der Kapitel auf die Ergebnisse zurückgegriffen und verwiesen.

Der Verlauf der Gespräche war jeweils identisch. Zur Einleitung wurden die Experten über den Hintergrund der Befragung informiert. Zusätzlich wurden sie um Einverständnis zur schriftlichen Aufzeichnung des Interviews gebeten, um die Vollständigkeit der Informationen zur Studie garantieren zu können.

---

[8] Vgl. Mayer, 2008, S. 37.

[9] Vgl. Atteslander, 2010, S. 197 f.

2 Kleine und mittlere Unternehmen

In diesem Kapitel wird zunächst der Begriff Mittelstand bzw. die Definition der KMU erläutert und mit quantitativen sowie qualitativen Definitionsmerkmalen untermauert. Des Weiteren werden die typischen Charakteristika von KMU anhand der Organisationsstruktur und der geografischen Lage aufgezeigt. Im Besonderen werden die Unterschiede zu großen Unternehmen herausgearbeitet. Im Anschluss daran wird die gesamtwirtschaftliche Bedeutung der KMU in Deutschland beschrieben. Ferner wird die Finanzierungssituation mittelständischer Unternehmen erläutert. Hierzu werden sowohl die Rechtsformen betrachtet als auch die Besonderheiten aufgezeigt. Zudem wird die Finanzierungssituation im Vergleich zu Großunternehmen dokumentiert. Den Abschluss dieses Kapitels bildet die Vorstellung der Finanzierungsformen, die KMU grundsätzlich zur Verfügung stehen. Dabei wird zunächst die Innenfinanzierung vorgestellt, da diese bevorzugt von Unternehmen aus dem Mittelstand genutzt wird. Schließlich werden die Merkmale der Außenfinanzierung genannt sowie diverse Beispiele dieser Finanzierungsquelle erörtert.

2.1 Definition KMU und Mittelstand

Für den Begriff Mittelstand existiert gegenwärtig keine allgemeingültige Definition.[10] Aus betriebswirtschaftlicher Sicht werden mit dem Mittelstand Unternehmen beschrieben, die sich durch quantitative sowie qualitative Definitionsmerkmale von großen Unternehmen unterscheiden. Die quantitativen Kriterien umfassen dabei Eigenschaften wie Größenklasse, Umsatz und Bilanzsumme. Qualitative Charakteristika beinhalten hingen ökonomische, gesellschaftliche und psychologische Eigenschaften. Der Begriff Mittelstand ist im deutschen Sprachgebrauch eher durch qualitative Merkmale geprägt. Die Definition von KMU orientiert sich hingegen hauptsächlich an quantitativen Merkmalen.[11]

2.1.1 Quantitative Kriterien

Um eine allgemeingültige Einteilung der Unternehmen nach quantitativen Kriterien zu gewährleisten, ist ein Ansatz entstanden, der auf leicht zugängli-

[10] Vgl. Beiersdorf/Zeimes, 2005, S. 115; Europäische Kommission, 2003, S. 70.

[11] Vgl. Reinemann, 2011, S. 2.

che Zahlen wie den Jahresumsatz, die durchschnittliche Mitarbeiterzahl p. a. sowie teilweise die Bilanzsumme zurückgreift. Als weitere Variable kann die Rechtsform hinzugefügt werden. In Deutschland werden Unternehmen anhand der nachfolgend abgebildeten Kennzahlen gemäß des Instituts für Mittelstandsforschung Bonn (IfM Bonn) eingeteilt.[12]

Unternehmensgröße	Zahl der Beschäftigten	Umsatz EUR / Jahr
klein	bis 9	bis unter 1 Millionen
mittel	10 bis 499	1 bis 50 Millionen
KMU (gesamt)	unter 500	unter 50 Millionen

Tabelle 1: KMU-Defintion des IfM Bonn[13]

Gemäß der Tabelle werden Unternehmen mit weniger als 499 Mitarbeitern und einem Jahresumsatz unter 50 Millionen Euro als KMU definiert.[14] Um ein Unternehmen nach den quantitativen Definitionskriterien des IfM Bonn einzuteilen, müssen beide Merkmale zutreffen.[15]

Diese in Deutschland anerkannte Definition findet international keine Anwendung. Die von der Europäischen Kommission aufgestellten Kriterien für KMU weichen in Bezug auf Umsatz, Mitarbeiterzahl und Bilanzsumme ab.[16] Die Kategorisierung nach der Europäischen Kommission wird nachfolgend deutlich.

Wie aus der Tabelle ersichtlich wird, handelt es sich bei der Definition der Europäischen Kommission um eine feinere Untergliederung, die eine Zuordnung der Unternehmen in Kleinst-, Klein- sowie mittlere Unternehmen zulässt. Durch diese Einteilung wird die mögliche und tatsächliche Intensität der wirtschaftlichen Aktivitäten definiert.[17] KMU beschäftigen demnach bis zu

[12] Vgl. Krüger/Klippstein/Merk/Wittberg, 2006, S. 38.

[13] In Anlehnung an Krüger/Klippstein und Merk/Wittberg, 2006, S. 38.

[14] Vgl. Kayser/Wallau, 2006, S.31.

[15] Vgl. Reinemann, 2010, Folie 8.

[16] Vgl. Empfehlungen der Europäischen Kommission K 2003, 1422, Abl. EU Nr. L 124 vom 20.05.2003, S. 36 ff.

[17] Vgl. Busse von Colbe, 1974, S. 567.

249 Mitarbeiter und weisen entweder einen Umsatz auf, der unter 50 Millionen Euro liegt oder eine Jahresbilanzsumme, die unter 43 Millionen Euro liegt.[18]

Unternehmensgröße	Zahl der Beschäftigten	und	Umsatz EUR / Jahr	oder	Bilanzsumme EUR / Jahr
kleinst	bis 9		bis 2 Millionen		bis 2 Millionen
klein	bis 49		bis 10 Millionen		bis 10 Millionen
mittel	bis 249		bis 50 Millionen		bis 43 Millionen
KMU (gesamt)	unter 250		unter 50 Millionen		unter 43 Millionen

Tabelle 2: KMU-Definition der Europäischen Kommission[19]

Darüber hinaus ist die Definition der Europäischen Kommission mit Blick auf die Förderung durch die europäischen Mittelstandsförderungen von zentraler Bedeutung, da diese nationalen Förderprogramme nur für KMU genehmigen werden. In diesem Zusammenhang werden die Unternehmen nach den Kriterien der EU eingeteilt.[20] Im Hinblick auf die Vergabe von Fördermitteln werden die Definitionskriterien seitens der Fördergesellschaften kontinuierlich gedeutet, um zu klären, ob diese noch berechtigt sind. Je nach Intention und Ziel werden unterschiedliche Merkmale zur Einteilung der Unternehmen genutzt. Insbesondere bei der Verwendung wissenschaftlicher Texte, die in Deutschland verfasst wurden, ist dabei zu prüfen, ob eine Zuteilung nach den Kriterien des IfM Bonn oder der Europäischen Kommission vorgenommen wurde. Bei der strikten Kategorisierung seitens der Europäischen Kommission ist zu beachten, dass auch hier eine heterogene Gruppe von Unternehmen einbezogen wird: Das Spektrum reicht von freiberuflichen Mitarbeitern über Gastronomiebetriebe bis hin zu international tätigen Anla-

[18] Die Definitionskriterien der KfW-Bankengruppe sind an die der Europäischen Kommission angelehnt.

[19] In Anlehnung an Europäische Kommission, 2006, S. 14.

[20] Vgl. Reinemann, 2011, S. 3.

genbauern. Die zentrale Voraussetzung ist, dass Unternehmen maximal 249 Mitarbeiter beschäftigen.[21]

Sowohl in der Definition der Europäischen Kommission als auch in der Definition des IfM Bonn wird die Unternehmensgröße als Kriterium zur Einteilung von Unternehmen herangezogen. Diese Eigenschaft kann somit einen fundamentalen Einfluss auf die Finanzierungsmöglichkeiten eines Unternehmens haben.[22] Auch das Umsatzvolumen kann einen Einfluss auf die Bewertung seitens der potenziellen Gläubiger haben.[23] Ein hohes Umsatzvolumen ist dabei bspw. Ausdruck einer besseren Wettbewerbsposition der großen Unternehmen gegenüber KMU. Demzufolge sind KMU der Gefahr ausgesetzt, dem Druck und der Macht des überlegenen Geschäftspartners im Wettbewerb zu unterliegen. Die Unternehmensgröße, der Umsatz sowie die Rechtsform bestimmen zudem, ob ein direkter Zugang zum organisierten Kapitalmarkt möglich ist, was wiederum Auswirkungen auf die Finanzierungsmöglichkeiten hat.[24]

Im vorliegenden Buch wird der Begriff KMU gemäß der Definition der Europäischen Kommission verwendet, da diese Kleinst- und Kleinunternehmen klar voneinander abgrenzt. Zudem weisen Unternehmen mit 250 bis 499 Mitarbeitern oftmals schon Charakteristika von Großunternehmen auf. Die abgebildeten Grafiken zur gesamtwirtschaftlichen Bedeutung von KMU in Deutschland basieren ebenso auf der Definition der Europäischen Kommission.

Durch die aufgezeigten Schwellenwerte erfolgt eine subjektive Klassifizierung der KMU.[25] Die quantitativen Kriterien lassen keinerlei Rückschlüsse auf das Management, die Ressourcenausstattung oder die Eigentumsverhältnisse zu. Da diese Einteilung den Mittelstand nicht ausreichend erfassen

[21] Vgl. Reinemann, 2011, S. 4.

[22] Auf diese Thematik wird im weiteren Verlauf des Buches näher eingegangen.

[23] Vgl. Straub, 2012, S. 34.

[24] Vgl. Perridon/Steiner/Rathgeber, 2009, S. 362.

[25] Vgl. Pfohl, 2006, S. 12.

kann, müssen die Definitionskriterien um qualitative Merkmale erweitert werden.[26] Diese werden im nachfolgenden Kapitel erörtert.

2.1.2 Qualitative Kriterien

Vorstehend wurden KMU ausschließlich aus einer quantitativen, ökonomischen Sicht betrachtet. Diese Kennzahlen bringen die Besonderheiten von KMU jedoch nur ungenügend zum Ausdruck. Daher werden nachfolgend auch qualitative Unterscheidungsmerkmale erläutert.

Unternehmen, die nach der qualitativen Definition dem Mittelstand zugeordnet werden können, zeichnen sich durch ihre wirtschaftliche und rechtliche Eigenständigkeit aus. Sie sind demnach auch unabhängig von einem Konzern. Das schließt die Beteiligung eines anderen Unternehmens mit mehr als 25% des eingezahlten Stammkapitals aus. Die rechtliche Eigenständigkeit schließt zudem eine Zugehörigkeit zu Filialen und Betriebsstätten aus.[27]

Das zentrale Erkennungsmerkmal mittelständischer Unternehmen ist die Einheit von Eigentum und Leitung. Somit wird unmittelbar Kontrolle über strategische sowie operative Entscheidungen ausgeübt. Darüber hinaus zeichnen sich diese Betriebe durch die direkte Beziehung zwischen den Geldmitteln des Eigentümers und dem Unternehmensvermögen aus. Die wirtschaftliche Existenz des Eigentümers ist demnach von der Entwicklung des Unternehmens abhängig. Ein weiteres qualitatives Kennzeichen mittelständischer Unternehmen ist eine flache Hierarchie. Einfache Strukturen und vergleichsweise wenige Mitarbeiter bedeuten wenige Instanzen zwischen Leitung und ausführender Stelle. Dieses Kriterium ergibt sich im Vergleich zu Großunternehmen auf Grund der ungleich geringeren Anzahl von Beschäftigten. Des Weiteren sind mittelständische Unternehmen durch eine überschaubare Anzahl von Stakeholdern[28] bzw. Anspruchs- oder Interessengruppen charakterisiert. Zu den Anspruchsgruppen gehören unter anderem Kunden, Lieferanten, Kapitalgeber, Arbeitnehmer, öffentliche Institutionen

[26] Vgl. Kayser/Wallau/Adenauer, 2006, S. 4.

[27] Vgl. Gantzel, 1962, S. 177; Wolter/Hauser, 2001, S. 29 f.

[28] Als Stakeholder wird eine Person oder Gruppe bezeichnet, die ein berechtigtes Interesse am Verlauf oder Ergebnis des Unternehmens hat.

sowie gesellschaftliche Gruppen.[29] Insbesondere Kleinst- und Kleinunternehmen zeichnen sich durch eine vergleichsweise enge Beziehung zu ihren Kunden, Lieferanten sowie den eigenen Mitarbeitern aus. Die Geschäftsverhältnisse sind oftmals in der jeweiligen Region durch enge und persönliche Netzwerke geprägt.[30]

Zusammenfassend ist zunächst festzustellen, dass sich mittelständische Unternehmen durch zahlreiche qualitative Merkmale von Großunternehmen unterscheiden. Dabei geht es nicht ausschließlich um den Aufbau des Unternehmens, sondern auch um die wirtschaftliche und rechtliche Stellung, die Struktur sowie die Beziehungen zu den Stakeholdern.

Für Familien- und Eigentümerunternehmen gelten ebenfalls die aufgeführten qualitativen Kriterien.[31] In der Literatur lassen sich jedoch noch differenziertere Definitionen für den Begriff Familienunternehmen finden. Das IfM Bonn ordnet ein Unternehmen den Familienunternehmen zu, wenn der Eigentümer bzw. seine Familie Bestandteil der Geschäftsführung sind und die strategische und operative Kontrolle in deren Machtbereich liegt. Familienunternehmen können darüber hinaus als eigentümergeführte Unternehmen bezeichnet werden, sobald maximal zwei natürliche Personen oder deren Familienangehörige in die Geschäftsführung integriert sind und mindestens 50% der Unternehmensanteile halten. Viele industrielle Familienunternehmen entsprechen zwar den genannten qualitativen Kriterien, überschreiten aber die Größengrenzen der quantitativen Merkmale von KMU. Hierunter fallen bspw. börsennotierte Unternehmen, die sich durch in Familienbesitz befindliche Aktienpakete auszeichnen.[32] Die Beziehung zwischen dem qualitativen Verständnis von Familienunternehmen und den unterschiedlichen Größenklassen nach der Definition des IfM Bonn wird in der nachfolgenden Darstellung deutlich.

Abschließend ist festzustellen, dass sowohl die quantitativen als auch die qualitativen Kriterien für die Kategorisierung von Unternehmen zu beachten

[29] Vgl. Straub, 2012, S. 38.

[30] Vgl. Reinemann, 2011, S. 4 ff.

[31] Vgl. Krüger/Klippstein/Merk/Wittberg, 2006, S. 36.

[32] Vgl. Reinemann, 2011, S. 6 f.

sind, da auch große Unternehmen den qualitativen Merkmalen nach dem Mittelstand zugeordnet werden können.

Während sich in diesem Buch der Begriff KMU an der Definition der Europäischen Kommission orientiert (< 250 Mitarbeiter), wird der Begriff Mittelstand analog zu den qualitativen Kriterien des IfM Bonn verwendet (< 500 Mitarbeiter). Im weiteren Verlauf genutzte, abweichende Benennungen (Mittelständler, mittelständische Unternehmen) dienen der sprachlichen Variation und sollen als Synonyme fungieren.

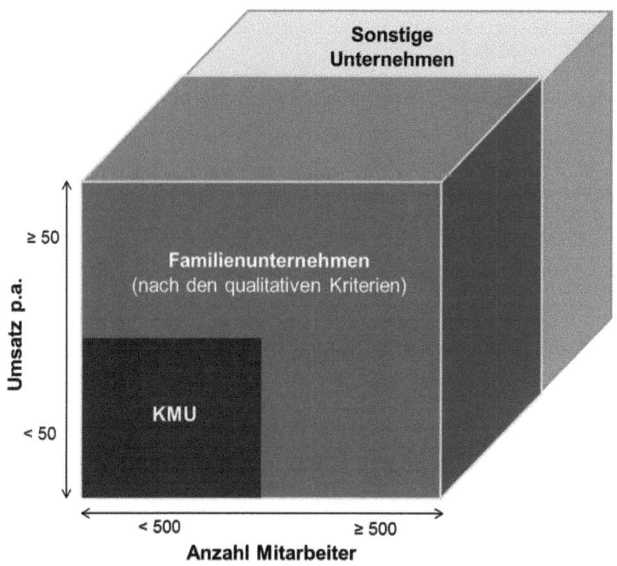

Abbildung 2: Zusammenhang von quantitativen und qualitativen Kriterien[33]

2.2 Charakteristika von KMU

Die Organisationsstrukturen[34] von KMU weisen erhebliche Unterschiede zu denen von Großunternehmen auf. Entscheidungen in KMU werden von einer

[33] In Anlehnung an Berthold, 2010, S. 15.

[34] Unter Organisation versteht man das Bemühen der Unternehmensleitung, den komplexen Prozess betrieblicher Leistungserstellung und Leistungsverwertung so zu strukturieren, dass die Effizienzverluste auf der Ausführungsebene minimiert werden, vgl. Wöhe, 2010, S. 108.

weitaus geringeren Anzahl von Interessensgruppen beeinflusst. Unternehmerische Entscheidungen werden zumeist vom Inhaber selbst getroffen. Aus diesem Grund existieren oftmals keine tiefergehenden Hierarchieebenen unterhalb des Eigentümers. Ferner sind der Formalisierungsgrad und die Anzahl der Abteilungen in KMU vergleichsweise gering. Darüber hinaus sind die Informationswege deutlich kürzer als die in Großunternehmen. Die Koordination wird durch schnelle Abstimmungsprozesse vereinfacht, wodurch u. U. auch Konflikte vermieden werden. Des Weiteren sind die Aufgabengebiete der Angestellten eher breit gefächert und bereichsübergreifend. Eine Spezialisierung auf gewisse Aufgabengebiete findet nicht zwingend statt.[35]

Die informelle Organisation ist betriebswirtschaftlich gesehen solange rational, bis durch eine Spezialisierung Wettbewerbsvorteile generiert werden können. Dies begründet schließlich den Übergang hin zu einer funktionalen Organisationsstruktur.[36]

Die funktionale Organisation stellt für kleine und mittlere Unternehmen eine geeignete Möglichkeit dar, um Unternehmensabläufe zu strukturieren. Sie eignet sich besonders für Betriebe, die sich durch ein überschaubares und homogenes Leistungsprogramm auszeichnen sowie eine relativ stabile Unternehmensumwelt aufweisen. In der funktionalen Organisation gliedert sich die zweite Hierarchieebene unterhalb der Leitung in Funktionsbereiche, wie Beschaffung, Produktion oder Absatz. Diese richten sich an den Haupttätigkeitsfeldern des Unternehmens aus. Zumeist findet eine Trennung zwischen den kaufmännischen und technischen Bereichen statt.[37]

Die funktionale Organisationsstruktur ist in KMU am häufigsten zu finden. Dies liegt vor allem an den einfachen Prozessen, die schnelle Eingriffe erlauben. Wesentliche Vorteile dieser Struktur sind die Überschaubarkeit sowie die Fähigkeit zur Spezialisierung. Bei KMU kommt es mit zunehmendem Wachstum zu einem Anstieg von funktional organisierten Stellen. Hierdurch steigt der Kommunikationsaufwand zwischen den Stellen. Die Flexibilität

[35] Vgl. Pfohl, 2006, S. 19; Reinemann, 2011, S. 57.

[36] Vgl. Reinemann, 2011, S. 57.

[37] Vgl. hierzu und im Folgenden Reinemann, 2011, S. 58 f.

nimmt mit der Anzahl der beteiligten Stellen dabei tendenziell ab.[38] Für Unternehmen innerhalb einer Wachstumsphase ist ein Wechsel zu einer anderen oder einer modifizierten funktionalen Organisationsform, wie beispielsweise der divisionalen Organisation, denkbar.

Die divisionale Organisationsform eignet sich kaum für KMU. Sie zeichnet sich durch die Gliederung der zweiten Hierarchieebene nach Objekten wie Produkten (z. B. Handel und Dienstleistung), Kunden (z. B. Privat- oder Geschäftskunden) oder Regionen (z. B. Inland und Ausland) aus. Diese Organisationsform ist sinnvoll, wenn bspw. unterschiedliche Geschäftsfelder – z. B. ein Dachdecker, welcher auch Solaranlagen anbietet – vorliegen. Analog zur funktionalen Struktur sind die Geschäftsbereiche durch ein Einliniensystem mit der Geschäftsführung verbunden. Diese Geschäftsbereichsorganisation unterscheidet sich von der funktionalen Organisation vor allem durch die hohe Verantwortung, die den jeweiligen Abteilungen zukommt. Die Gliederung nach Objekten führt auf der dritten Hierarchiestufe zu einer Strukturierung nach Funktionen. Gerade sehr große Familienunternehmen, wie beispielsweise die Dr. August Oetker KG, welche die quantitativen Größenbestimmungen der KMU-Definition überschreiten, sind divisional organisiert. Ansonsten stellt diese Form in der betrieblichen Praxis bei KMU eine Ausnahme dar.

Ein insbesondere für Kleinst- und Kleinunternehmen geeigneter Organisationsaufbau stellt die virtuelle Organisation zwischen unabhängigen Unternehmen dar. Typische Beispiele hierfür sind in der Softwarebranche insbesondere bei der Entwicklung von Open-Source-Software zu finden. Durch die Einbuße physischer Eigenschaften können diese Betriebe ihre Flexibilität sowie Anpassungsfähigkeit in hohem Maße verbessern und somit Synergiepotenziale zwischen den Organisationspartnern entwickeln.

Im Zuge der durch die Globalisierung zunehmenden Internationalisierung entstehen bei größeren mittelständischen Unternehmen vermehrt Tochtergesellschaften im Ausland. Die daraus resultierenden Holdingorganisationen können durch einen Stammhauskonzern oder einen Holdingkonzern geleitet

[38] Vgl. hierzu und im Folgenden Reinemann, 2011, S. 56 ff.; Straub, 2012, S. 389 ff.

werden. Während das Stammhaus den wirtschaftlich dominanten Produktionsbetrieb darstellt, nimmt der Holdingkonzern lediglich Aufgaben in Bezug auf die Verwaltung der Tochtergesellschaften wahr. Grundsätzlich bietet die Holdingstruktur eine adäquate Lösung zur Organisation mittlerer und großer Mehrproduktunternehmen. Da diese Organisation sowohl eine strategische als auch eine strukturelle Flexibilität aufweist, ist sie besonders für Unternehmen geeignet, die an einer Flexibilisierung interessiert sind. In der betrieblichen Praxis organisieren sich vor allem sehr erfolgreiche große Familienunternehmen durch die Holdingstruktur.[39]

Des Weiteren ist die Projektorganisation für KMU von besonderer Bedeutung. Diese bietet Vorteile für Unternehmen, deren Tagesgeschäft durch Projekte geprägt wird. Hierzu zählen beispielsweise Unternehmensberatungen, Event- oder Werbeagenturen oder Ingenieurbüros. Die Projektorganisation kann sich in alle bereits betrachteten Organisationsformen eingliedern und wird nach deren Ausprägungen gestaltet.[40] Mit zunehmender Unternehmensgröße steigt tendenziell auch die Relevanz sogenannter Spezialisierungserfordernisse. Bei der Wahl der Organisationsform spielen unterschiedliche quantitative und qualitative Faktoren, wie Unternehmensgröße, Komplexität der Tätigkeiten oder die erforderliche Reaktionsfähigkeit auf den Märkten, eine Rolle. Je nach Entwicklungsstadium ist ein Unternehmen zur Anpassung und Veränderung seiner Organisationsform gezwungen, um so Wettbewerbsvorteile sichern oder generieren zu können.[41]

Die Organisationsstruktur eines Unternehmens lässt, wie in Abbildung drei zu erkennen ist, Schlussfolgerungen auf das vorhandene Fachwissen zu. In Großunternehmen ist infolge des Entwicklungsprozesses, den die Organisation im Laufe ihrer Geschichte durchlaufen hat, ein breiteres betriebswirtschaftliches Know-how vertreten. Spezielle betriebswirtschaftliche, technische oder juristische Probleme können betriebsintern durch hierauf spezialisierte Abteilungen gelöst werden.[42] Eine Organisation mit Spezialisten in

[39] Vgl. Reinemann, 2011, S. 63 f.
[40] Vgl. Beck, 1996, S. 20 ff.
[41] Vgl. Straub, 2012, S. 389 ff.
[42] Vgl. Schneck, 2006, S. 22.

unterschiedlichen Fachgebieten ist für viele KMU aus personellen und finanziellen Gründen nicht möglich.[43]

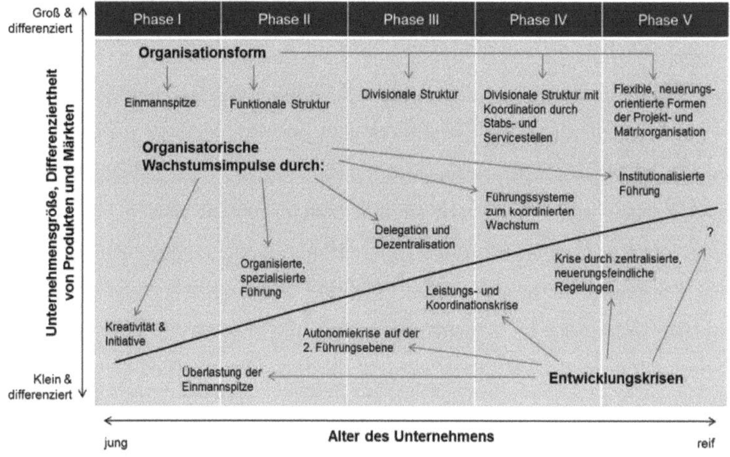

Abbildung 3: Phasen im Entwicklungsprozess einer Organisation[44]

Um diesem Problem entgegenzuwirken und das fehlende Know-how zu integrieren, kann auf externe Dienstleister zurückgegriffen werden. Vor allem in Bereichen, die außerhalb des Kerngeschäftes liegen, nutzen KMU dieses Outsourcing. So werden bspw. Dienstleistungen von Steuerberatern, Lohnbüros, Unternehmensberatern oder Fachanwälten in Anspruch genommen. Dabei ist in der Gründungsphase kein detailliert geplantes Prozessmanagement notwendig, da die Geschäftsabwicklung mit den Dienstleistern durch einen Mitarbeiter bewältigt werden kann. Da mit steigender Unternehmensgröße jedoch die Komplexität der Aufgaben und auch die Anzahl der benötigten Mitarbeiter wachsen, ist die Einführung eines Geschäftsprozessmanagements zu empfehlen.[45] Die Auslagerung einzelner Tätigkeiten bietet zudem Chancen zur Verbesserung der Wettbewerbsfähigkeit, da Größen- und Know-how-Vorteile der externen Anbieter genutzt werden können. Dabei ist

[43] Vgl. Wild/Friedrich, 2008, S. 21 ff.
[44] In Anlehnung an Straub, 2012, S. 389.
[45] Vgl. Wolters/Kaschny, 2010, S. 25 f.

es wichtig, lediglich die Stellen bzw. Tätigkeiten auszulagern, bei denen langfristig Effizienzvorteile generiert werden können.[46]

KMU grenzen sich häufig auch durch die räumliche Ausdehnung von großen Unternehmen ab. Beispiele hierfür sind Teile des Einzelhandels, das Handwerk oder auch Arztpraxen. Besonders bei diesen kleinen Unternehmen findet die Produktion zumeist an dem Ort statt, an dem auch die Geschäftsführung ihren Sitz hat. Oft zeichnen sich ihre Produkte oder Dienstleistungen dadurch aus, dass sie für den lokalen Markt erbracht werden. Zahlreiche KMU lassen sich daher als lokale Unternehmen kategorisieren. KMU können auch der Kategorie regionale bzw. nationale Unternehmen zugeordnet werden. Die Größe dieser Unternehmen sowie die Anzahl der Betriebsstätten hängen dabei vom jeweiligen Markt und der Branche ab. Viele Unternehmen aus der Baubranche zählen mittlerweile zu den regionalen Unternehmen, die landesweit Aufträge entgegennehmen. Darüber hinaus betreiben Automobilzulieferer zumeist mehrere Betriebsstätten innerhalb der Ländergrenzen sowie international. Auch mittelständische Unternehmen, die in Branchen wie Chemie und Kunststoff, Metall, Stahl und Maschinebau oder Elektronik tätig sind, zeichnen sich ebenfalls durch hohe Auslandsaktivitäten aus und können oftmals zu den internationalen Unternehmen gezählt werden. Grundsätzlich sind viele der größeren Mittelständler international tätig. Die Breite des internationalen Engagements hängt neben der Branchenzugehörigkeit vor allem vom Umsatz ab. Mit steigendem Umsatz lassen sich Auslandsaktivitäten leichter umsetzen. Mögliche Betätigungsfelder bieten der Im- und Export, Joint Ventures, Kooperationen oder die Produktion vor Ort.[47]

Schließlich ist der Mittelstand im Vergleich zu Großunternehmen durch eine hohe Anpassungsfähigkeit am Markt sowie durch ein besseres Reaktionsvermögen auf Veränderungen gekennzeichnet. Die dynamische Anpassungsfähigkeit beruht teilweise auf den direkten und kurzen Kommunikationswegen sowie auf den unbürokratischeren Regelungen im Unternehmen.[48]

[46] Vgl. Hutzschenreuter, 2009, S. 210.
[47] Vgl. DZ Bank, 2013, S. 12; Straub, 2012, S. 31 ff.
[48] Vgl. Icks, 2006, S.3.

2.3 Gesamtwirtschaftliche Bedeutung von KMU in Deutschland

Die Bedeutung der mittelständischen Unternehmen für die deutsche Volkswirtschaft zeigt sich bei Betrachtung wesentlicher Strukturindikatoren wie der Umsätze oder des Beschäftigungsgrades. Darüber hinaus hat der Mittelstand einen positiven Einfluss auf die herrschende Wachstums- sowie Wettbewerbssituation.

Die Daten des Statistischen Bundesamtes zeigen, dass rund 99,3% aller deutschen Unternehmen den KMU zugeordnet werden können. Kleinstunternehmen stellen dabei den größten Anteil dar.[49] Eine Übersicht hinsichtlich der wichtigsten Merkmale von Unternehmen unterteilt nach Unternehmensgröße bietet die nachfolgende Darstellung.

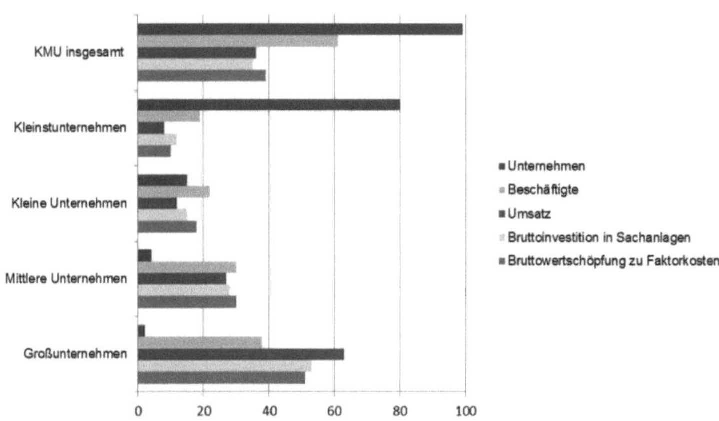

Abbildung 4: Unternehmensmerkmale nach Größenklasse (%)[50].

Aus Abbildung vier wird ersichtlich, dass fast alle KMU umsatzsteuerpflichtige Unternehmen darstellen. Gemeinsam generieren KMU 38,2% aller Unternehmensumsätze und beschäftigen 60,7% der Arbeitnehmer.[51]

Wichtigkeit und Stabilität von KMU werden zudem bei der Betrachtung der Beschäftigungszahlen in Wirtschaftskrisen deutlich. Hier hat sich der Mittel-

[49] Vgl. KfW-Bankengruppe, 2011, S. 3.
[50] In Anlehnung an Söllner, 2011. S. 1094.
[51] Vgl. Statistisches Bundesamt, 2007.

stand als sogenannter Jobmotor erwiesen. Der gesamtwirtschaftliche Zuwachs von 1,8 Millionen Erwerbstätigen seit der Finanzkrise 2007 wurde zu großen Teilen durch mittelständische Unternehmen bewirkt. So zeigt eine Betrachtung des Jahres 2010, dass KMU im Gegensatz zum öffentlichen Sektor neue Stellen schaffen konnten.[52]

Neben der hohen Bedeutung in Bezug auf die Anzahl der Arbeitsplätze weisen KMU überdies ein hohes Verantwortungsbewusstsein gegenüber ihrer direkten und persönlichen Umgebung auf. Dies gilt vor allem für die Beschäftigungsdauer und die Beschäftigungssicherheit. Diese sind bei KMU auch in Krisenzeiten höher als bei Großunternehmen. In der Fachliteratur wird für diese Haltung der Begriff Corporate Social Responsibility verwendet.[53] Für diese These spricht, dass 82,7% aller betrieblichen Ausbildungen in KMU absolviert werden.[54] Somit kann dem Mittelstand ein beschäftigungsstabilisierender Einfluss auf die Wirtschaft in Deutschland zugesprochen werden.

Es ist festzustellen, dass in den allermeisten Wirtschaftszweigen in Deutschland mehr mittelständische Unternehmen als Großunternehmen existieren. Die Verhältnisse schwanken dabei je nach Branche sehr stark. Zusammenfassend lässt sich ableiten, dass KMU eine stabilisierende Wirkung auf die wirtschaftliche und gesellschaftliche Lage in Deutschland haben. Sie bilden das Gegengewicht zu den großen, international vernetzen Konzernen.[55]

2.4 Finanzierungssituation von KMU

In diesem Abschnitt werden Rahmenbedingungen der Finanzierung von KMU dargestellt. Zu Beginn werden dabei die Rechtsformen aufgezeigt. Im weiteren Verlauf werden die speziellen Eigenschaften der Finanzierung von KMU beschrieben sowie eine Auswahl bedeutender Finanzierungsinstrumente vorgestellt.

[52] Vgl. KfW-Bankengruppe, 2011, S. 3.
[53] Vgl. Reinemann, 2011, S. 6.
[54] Vgl. Herzinger, 2010, S. 8.
[55] Vgl. Schlüter, 2007, S. 12.

2.4.1 Rechtsformen

Bei der Unternehmensfinanzierung stellt sich auch die Frage der Rechtsform. Mit der Wahl der Rechtsform geht die Regelung der Rechtsbeziehungen im Innen- und Außenverhältnis eines Betriebes einher. Das Innenverhältnis beschreibt dabei die Beziehung der Gesellschafter untereinander, wohingegen das Außenverhältnis die Verbindung zwischen Unternehmen und den Stakeholdern regelt.[56] Um eine optimale Rechtsform für ein Unternehmen festzulegen, müssen zahlreiche Faktoren, wie bspw. der Haftungsumfang, die Kapitalbeschaffung oder die Mindestkapitalausstattung, beachtet und bewertet werden.[57] Außerdem kann die Besteuerung des Gewinns je nach Rechtsform variieren.

Allgemein wird zwischen Einzelunternehmen, Personengesellschaften und Kapitalgesellschaften unterschieden.[58]

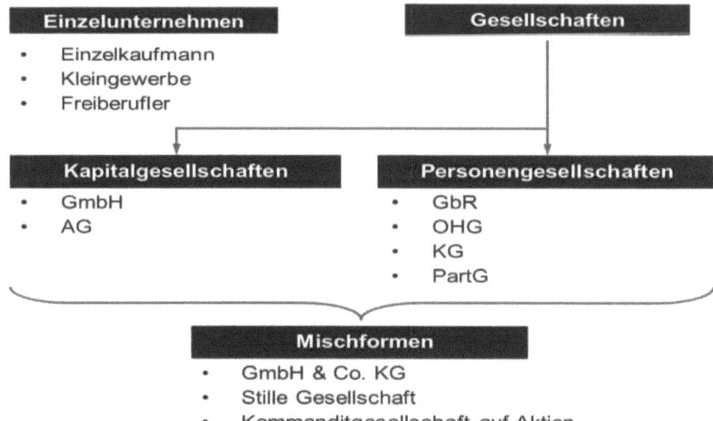

Abbildung 5: Rechtsformen

Einzelunternehmen wie der Einzelkaufmann oder der Freiberufler bilden die Rechtsform für Betriebe, die nur von einer Person, dem Inhaber, geleitet werden. Dieser haftet für alle Verbindlichkeiten des Unternehmens persönlich und uneingeschränkt.

[56] Vgl. Wöhe, 2010, S. 218.
[57] Vgl. Schneck, 2006, S. 78.
[58] Vgl. Straub, 2012, S. 31 ff.

Personengesellschaften werden hingegen durch mindestens zwei Inhaber geführt. Typische Beispiele sind die OHG, die GbR oder die PartG für die freien Berufe. Die Gesellschafter haften unbeschränkt und gesamtschuldnerisch für die Verbindlichkeiten des Unternehmens. Das bedeutet, dass sie die Schulden der Gesellschaft bei ihren Gläubigern durch das private Vermögen decken müssen, wenn das Gesellschaftsvermögen aufgebraucht ist. Auch die Kommanditgesellschaft (KG) zählt zu den Personengesellschaften. Sie wird durch den vollhaftenden Komplementär und den teilhaftenden Kommanditisten geführt.

Unternehmen, deren Grundlage die Reputation des Inhabers bildet, behalten oftmals bewusst den Status des Einzelunternehmens bzw. der Personengesellschaft bei, um zum Ausdruck zu bringen, dass der Unternehmer für sein Handeln persönlich einsteht.

Im Gegensatz zu Personengesellschaften sowie Einzelunternehmen werden bei Kapitalgesellschaften Personen und Kapital voneinander getrennt. Typische Formen stellen die Aktiengesellschaft (AG) sowie die Gesellschaft mit beschränkter Haftung (GmbH) dar. Die GmbH bietet dabei besondere Vorteile für KMU: Zum einen kann die persönliche Haftung der Gesellschafter ausgeschlossen und zum anderen die Autonomie in Bezug auf die Geschäftsführung sowie die Gestaltungsfreiheit hinsichtlich des Gesellschaftervertrages gewahrt werden.[59] Eine Sonderform der GmbH stellt die Unternehmergesellschaft (UG) dar. Im Gegensatz zur GmbH beträgt das Stammkapital hier lediglich einen Euro. In Folge des geringeren Gründungskapitals ist es jedoch vorgeschrieben, 25% des jährlichen Gewinns als Rücklage anzusparen, bis das Stammkapital der GmbH in Höhe von 25.000 Euro erreicht ist.[60]

Bei der Wahl einer Rechtsform für ein Unternehmen werden verschiedene Auswahlkriterien berücksichtigt. Die Festlegung der Rechtsform beeinflusst den Gewinn nach Steuern. Die Rechtsform stellt zudem eine grundlegende unternehmerische Überlegung dar, die einen wesentlichen Einfluss auf die Kreditwürdigkeit und infolgedessen auch auf die Finanzierungsmöglichkeiten

---

[59] Vgl. Bark/DeMarzo, 2011, S. 20 ff.

[60] Vgl. Zantow/Dinauer, 2011, S. 67; Jung, 2006, S. 85 ff

eines Unternehmens hat.[61] Dabei ist zu beachten, dass nur wenige Rechtsformen einen Zugang zu Kapital- und Finanzmärkten bieten können. In diesem Zusammenhang ist die Emissionsfähigkeit der Kapitalgesellschaften zu erwähnen, die den Personengesellschaften verwehrt bleibt. Ferner stehen den Unternehmen je nach Rechtsform unterschiedliche Möglichkeiten zur Innenfinanzierung zur Verfügung. Diese Selbstfinanzierung wird durch das Einbehalten von Gewinnen erreicht und mit dem Begriff der Thesaurierung bezeichnet.[62]

Die Wahl der Rechtsform hat neben den Auswirkungen auf die Finanzierungsmöglichkeiten weitere Effekte auf Unternehmenseigenschaften wie Leitungsrechte, Kontrollrechte, Haftung, Mindesteigenkapital, Beteiligung bei Gewinn und Verlust, Entnahmebeschränkungen, Finanzierungsmöglichkeiten, Publizitäts- und Prüfungspflichten sowie unternehmerische Mitbestimmungsrechte für Arbeitnehmer. Diese Rechte und Pflichten können Anhang I entnommen werden. Besonders zu beachten ist hierbei der Haftungsumfang von Eigenkapitalgebern, der in beschränkte und unbeschränkte Haftung gegliedert wird. Während die beschränkte Haftung auf eine festgeschriebene Eigenkapitaleinlage fixiert ist, haftet bei der unbeschränkten Haftung jeder Gesellschafter für die Verbindlichkeiten des Unternehmens mit seinem Privatvermögen.[63]

Weiterhin sind steuerliche Aspekte zu berücksichtigen, die je nach Rechtsform variieren. Einzelunternehmen und Personengesellschaften stellen keine Steuerobjekte dar und unterliegen demnach nicht der Körperschaftsteuerpflicht. Gewinne werden lediglich um die Gewerbesteuer gemindert und anschließend dem Einzelunternehmer bzw. Gesellschafter zugerechnet. Kapitalgesellschaften besitzen hingegen eine eigene Rechtspersönlichkeit und sind selbstständig steuerpflichtig.

Die gesamtsteuerliche Belastung für ausgeschüttete Gewinne an Anteilseigner, die Anteile im Privatvermögen halten, wird innerhalb einer Kapitalgesellschaft durch die Abgeltungsteuer in Höhe von 25% zuzüglich Solidaritätszu-

[61] Vgl. Wöhe, 2010, S. 218.
[62] Vgl. Schneck, 2006, S. 78.
[63] Vgl. Wöhe 2010, S. 218 ff.; Schneck, 2006, S. 77 ff.

schlag und ggf. Kirchensteuer ergänzt. Die Ermittlung des in die Bemessungsgrundlage der Gewerbesteuer eingehenden Gewinns vor EStG/KStG variiert je nach Rechtsform.[64]

Darüber hinaus unterscheiden sich die Rechtsformen bei der Ausgestaltung von Eigentum, Risiko sowie Leitung und Kontrolle.

Einzelunternehmer tragen bspw. das volle unternehmerische Risiko, haben dafür aber das Recht auf die Festlegung der Unternehmensziele, die uneingeschränkte Geschäftsführung sowie die freie Verfügung über etwaige finanzielle Erfolge. Einzelfirmen, wie die OHG oder die KG, bei der nach § 164 HGB die Geschäftsbefugnis allein bei den vollhaftenden Komplementären liegt, können dabei als eigentümergeführte Unternehmen bezeichnet werden. Ferner kann auch die GmbH ein eigentümergeführtes Unternehmen darstellen, sofern die Gesellschafter der GmbH gleichzeitig die Geschäftsführungsfunktion übernehmen.[65]

Die Wahl der Rechtsform hängt von der Strategie des jeweiligen Unternehmens ab. Bei Einzelunternehmen sind die Ziele des Unternehmens und die persönlichen Zielsetzungen des Inhabers konkludent, da der Eigentümer zugleich die Funktion des Geschäftsführers innehat und somit die Ziele selbst setzt. Demnach können auch keinerlei Interessenkonflikte zwischen Kapitalgebern und Unternehmen entstehen. Der Einzelunternehmer trägt ausschließlich und uneingeschränkt alle Rechte sowie Pflichten, dies entspricht dem Kriterium der Einheit von Eigentum und Leitung von mittelständischen Unternehmen.[66] Sobald die Geschäftsführung mehr als einer Person obliegt, können deren Ziele im Unternehmen gemäß der Principal-Agent-Theorie[67] asymmetrisch sein.[68]

---

[64] Vgl. Perridon/Steiner/Rathgeber, 2009, S. 361.

[65] Vgl. Wöhe, 2010, S. 23 ff.

[66] Vgl. Olfert, 2011, S. 182; Berk/DeMarzo, 2011, S. 27.

[67] Die Prinzipal-Agent-Theorie untersucht Wirtschaftsbeziehungen, in denen eine Vertragspartei Informationsvorsprünge gegenüber der anderen aufweist. Diese Informationsasymmetrien führen zu Ineffizienzen bei der Vertragsbildung sowie der Vertragsdurchführung. Um diverse Arbeiten nicht selbst erledigen zu müssen, überträgt der sogenannte Principal (Auftraggeber) Aufgaben und Entscheidungskompetenzen auf den Agenten (Auftragnehmer). Der Agent besitzt dabei den beschriebenen Informationsvorsprung.

[68] Vgl. Berk/DeMarzo, 2011, S. 27.

Bestimmte Rechtsformen können auf Grund des Aufwandes, um bestimmten rechtlichen Anforderungen und Pflichten nachzukommen, ungeeignet für KMU sein. Neben dem einzubringenden Stammkapital von mindestens 25.000 Euro bei der GmbH bzw. dem Grundkapital von mindestens 50.000 Euro bei der AG können die Publizitätspflichten bei den Kapitalgesellschaften genannt werden. Nach den Vorschriften des HGB müssen sich Kapital- sowie gleichgestellte Personengesellschaften an eine gemäß § 264a HGB nach der Größe des Unternehmens gestufte Publizitätspflicht halten. Kapitalmarkt orientierte Unternehmen sind nach § 315a HGB dazu verpflichtet, den Konzernabschluss nach den International Financial Reporting Standards (IFRS) zu erstellen. Für große Unternehmen anderer Rechtsformen gilt gemäß § 1 PublG eine gesonderte Publizitätspflicht, die der großer Kapitalgesellschaften gleichgestellt ist. Bei Einzelunternehmen sowie Personengesellschaften hingegen ist keine gesetzliche Prüfung oder Publizierung des Jahresabschlusses notwendig.[69]

Ungeachtet dieser gesetzlichen Befreiung bezüglich der Prüfung oder Publizierung des Jahresabschlusses bei Einzelunternehmen und Personengesellschaften ist jeder Kaufmann nach § 238 HGB dazu verpflichtet, Buch zu führen, um sowohl seine Handelsgeschäfte als auch die Lage seines Vermögens – nach den Grundsätzen ordnungsgemäßer Buchführung – kenntlich zu machen. Die Kaufmannseigenschaft richtet sich dabei nach §§ 1 bis 6 HGB. Hiernach kann zwischen Ist-, Kann- und Formkaufmann unterschieden werden. Jeder Kaufmann ist dabei angehalten, sein Inventar sowie seinen Jahresüberschuss zum Ende eines Geschäftsjahres darzulegen. Bei Einzelunternehmen, deren Umsatz 500.000 EUR und deren Jahresüberschuss 50.000 EUR an zwei aufeinanderfolgenden Stichtagen nicht übersteigt, besteht keine Buchführungspflicht. Diese Einzelunternehmen müssen ihren Gewinn für steuerliche Zwecke innerhalb einer Einnahmen-Überschuss-Rechnung nach § 4 Abs. 3 EStG offenlegen.[70] Es ist demnach festzustellen, dass eine steuerliche Buchführungspflicht lediglich dann besteht, wenn Umsatz oder Gewinn die Grenzen im Wirtschaftsjahr übersteigen. Die niedrige-

[69] Vgl. Wöhe, 2010, S. 224 ff.

[70] Vgl. Kroschel/Richter, 2010, S. 11 ff.

ren Anforderungen hinsichtlich Publizität und Rechnungslegung und die daraus resultierende Anonymität der Einzelunternehmen und Personengesellschaften erhöhen die Kapitalkosten gegenüber den Großunternehmen. Dies basiert auf der asymmetrischen Informationsverteilung zwischen KMU und potenziellen Kapitalgebern.[71]

Grundsätzlich zeichnen sich vor allem mittelgroße Unternehmen durch einen Zielkonflikt zwischen Emissionsfähigkeit, unternehmerischer Unabhängigkeit sowie Nicht-Publizität von Daten aus.[72]

Der Anteil der gewählten Rechtsformen seitens der KMU kann der nachfolgenden Abbildung entnommen werden.

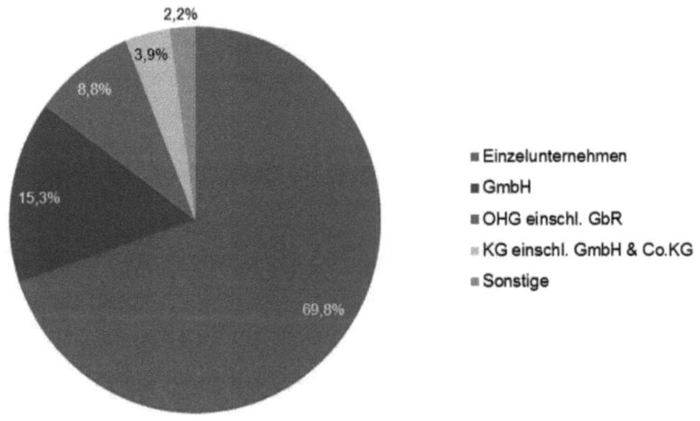

Abbildung 6: Einteilung von KMU nach Rechtsformen (%)[73]

Die Wahl der Rechtsform kann schließlich auf Grundlage der potenziellen Kunden getroffen werden und somit die Kapitalkosten beeinflussen. Die Haftung des Unternehmens kann für Kunden ein kaufentscheidendes Merkmal darstellen. Die Baubranche wird bspw. stark durch den Haftungsumfang be-

[71] Vgl. Everling, 2008, S. 5.
[72] Vgl. Schneck, 2006, S. 78.
[73] In Anlehnung an Janssen, 2009, S. 14.

einflusst; branchenübergreifend kann diese Wirkung jedoch nicht festgestellt werden.[74]

Grundsätzlich kann ein Unternehmer aus der Vielzahl vorhandener Rechtsformen die wirtschaftlich sinnvollste auswählen.[75] Dabei können jedoch verschiedene Zielkonflikte entstehen. Streben die Eigenkapitalgeber bspw. eine beschränkte Haftung an, bietet sich lediglich die Möglichkeit, eine Kapitalgesellschaft zu gründen. Wird diese jedoch stärker besteuert als eine Personengesellschaft, eröffnet sich dem Unternehmer ein Zielkonflikt, der in der Unternehmenspraxis zumeist durch die Gründung einer Mischform gelöst wird.[76]

2.4.2 Besonderheiten der Finanzierung von KMU

Die Aufgaben der Finanzabteilung eines Unternehmens umfassen alle Aktivitäten, die mit Kapital- bzw. Geldflüssen in Verbindung stehen. Die Hauptaufgaben lassen sich in Investitionsentscheidungen, Risikomanagement und Finanzierung unterteilen. Eine ganzheitliche Finanzierungsstrategie ist erstrebenswert und von zentraler Bedeutung für Unternehmen, da sie die Existenz langfristig sichern kann.[77] Mittels einer optimalen Finanzierung können sowohl Arbeitsplätze garantiert als auch durch das zur Verfügung stehende Kapital eine erfolgreiche Marktdurchdringung generiert werden.

Die Unternehmensfinanzierung umfasst die Organisation aller Zahlungs-, Informations-, Kontroll- und Sicherungsbeziehungen, die zwischen der Unternehmung und den jeweiligen Kapitalgebern bestehen. Nach der statischen Bilanztheorie beinhaltet sie jede Aktivität, die mit der Mittelbeschaffung oder -rückzahlung durch Geld, Güter oder Wertpapiere in Verbindung steht.[78]

In der Praxis stehen mittelständischen Unternehmen zahlreiche Finanzierungsinstrumente zur Deckung ihres Kapitalbedarfs zur Verfügung. Abgesehen von finanziellen Faktoren, können dabei auch nicht finanzielle Faktoren

[74] Vgl. Everling, 2008, S. 5.
[75] Vgl. Schneck, 2006, S. 81.
[76] Vgl. Wöhe, 2010, S. 220.
[77] Vgl. Straub, 2012, S. 247.
[78] Vgl. Busse, 2003, S. 60 f.; Drukarczyk, 2008, S. 2 f.

einen erheblich Einfluss auf die Wahl der Instrumente haben.[79] Tendenziell haben KMU häufig Schwierigkeiten bei der Thesaurierung der erzielten Gewinne und damit auch bei den zu tätigenden Investitionen. Thesaurierte Gewinne stellen jedoch noch vor der Einlagen- bzw. Beteiligungsfinanzierung und Kreditfinanzierung die wichtigste Finanzierungsform für KMU dar.[80]

Beim Vergleich zwischen den Finanzierungsformen und -möglichkeiten von mittelständischen und großen Unternehmen werden zahlreiche Unterschiede deutlich: Der eingeschränkte Zugang zum organisierten Kapitalmarkt kann als wesentliches Hindernis für den Mittelstand genannt werden. Folgende Faktoren wirken sich in diesem Kontext negativ aus: Einzelunternehmen, Personengesellschaften, GmbHs sowie kleineren Aktiengesellschaften ist der direkte Zugang zur Börse verwehrt.[81] Darüber hinaus besitzen KMU eine geringe Transparenz für externe Kapitalgeber sowie ein höheres Ausfallrisiko im Vergleich zu Großunternehmen. Die Risiken entstehen durch ein kleineres Produktportfolio sowie geringere Abnehmer- und Zuliefererzahlen. Die Inhaber von mittelständischen Betrieben binden außerdem – im Gegensatz zu den Aktionären der großen Kapitalgesellschaften – nahezu ihr gesamtes Vermögen in ihrem Unternehmen.[82] Großunternehmen mit direktem Zugang zum Kapitalmarkt besitzen die Möglichkeit, auf hohe Finanzierungsvolumina zuzugreifen sowie ihr Eigenkapital in mehrere Teilbeträge aufzuspalten. Zudem können große Unternehmen mit einem vergleichsweise geringen Einsatz am Kapitalmarkt teilnehmen. Ein Ziel von KMU ist somit der Ausgleich der mit ihren individuellen Charakteristika verbundenen Finanzierungsnachteile. Diese Defizite müssen in Abstimmung mit den Unternehmenszielen überwunden werden. Als Ziele im Finanzierungsbereich eines Unternehmens gelten Liquidität, Rentabilität, Unabhängigkeit und Sicherheit.[83]

Neben den oben genannten Eigenschaften sind mittelständische Unternehmen durch das Streben nach maximaler Autonomie charakterisiert. Dabei soll der externe Einfluss stets minimal gehalten werden sowie die Kompe-

[79] Vgl. Reinemann, 2011, S. 128.

[80] Vgl. Kolbeck/Wimmer, 2002, S. 38.

[81] Vgl. Perridon/Steiner/Rathgeber, 2009, S. 362.

[82] Vgl. Reinemann, 2011, S. 128 f.

[83] Vgl. Olfert, 2011, S. 46 ff.

tenzansprüche in der uneingeschränkten Geschäftsführung erhalten bleiben. Die Fachliteratur bezeichnet diesen Anspruch als „unreflektiertes Unabhängigkeitsstreben“. Das hohe Autonomiebedürfnis sowie die begrenzten Mittel der Inhaber führen dabei zu Schwierigkeiten bei der Aufnahme von zusätzlichem Eigenkapital. Die Inanspruchnahme von Fremdkapital in Form von Krediten wird bei der Integration neuer Gesellschafter bevorzugt, da die Gegenleistung nur aus Zinszahlungen besteht.[84] Hierbei ist jedoch zu beachten, dass diese Kapitalgeber auch bei der Vergabe von Fremdkapital Einflussrechte geltend machen können, meist um das eigene Risiko zu begrenzen oder aus machtbezogenen Gründen. Die Bewilligung eines Kredits hängt oftmals von den gewährten Rechten innerhalb des Unternehmens ab.[85]

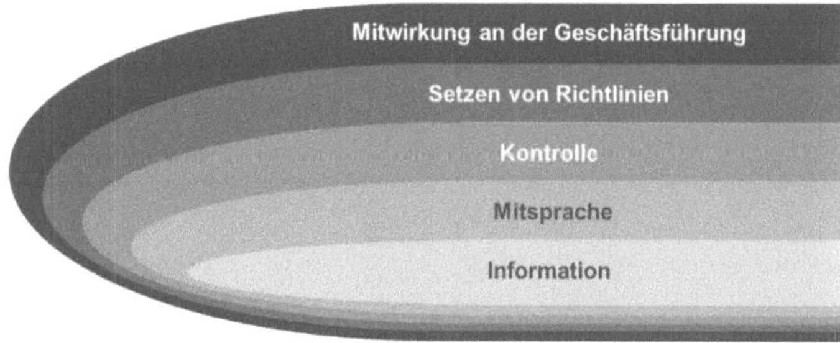

Abbildung 7: Einflusszunahme von Kapitalgebern[86]

Kapitalsuchende KMU müssen sich zukünftig auf ein erhöhtes Risikobewusstsein von möglichen Kapitalgebern einstellen. Das bedeutet, dass Banken weniger Risiken eingehen, Eigenkapitalgeber höhere Erfolgswahrscheinlichkeiten erwarten sowie Fördermittel nur bedingt vergeben werden. In Folge des Zusammenbruches des Neuen Marktes im Jahre 2000 haben sich die Kapitalkosten für den Mittelstand erhöht. Begründet wird dies vor allem durch die hohen Risikoprämien der Fremdkapitalgeber und durch den Zwang, profitablere Renditen mit Unternehmensbeteiligungen zu erreichen. Zudem müssen KMU beachten, dass Risikomessungen restriktiver vorgenommen werden. Verstärkt wurden die beschriebenen Auswirkungen durch

[84] Vgl. Reinemann, 2011, S. 129.
[85] Vgl. Olfert, 2011, S. 102.
[86] In Anlehnung an Olfert, 2011, S. 102.

die seit 2007 anhaltende Finanzkrise.[87] Grundsätzlich kann festgehalten werden, dass die Geldmittel für mittelständische Unternehmen nicht gestrichen wurden, jedoch vorsichtiger vergeben werden.[88]

In der folgenden Grafik aus dem BDI-Mittelstandspanel vom Jahr 2011 wird dargestellt, dass sich trotz der beschriebenen Ereignisse die Finanzierungssituation von KMU in den letzten Jahren positiv entwickelt hat. Demnach sind lediglich wenige Hinweise auf eine Verschlechterung der Finanzierungsbedingungen für KMU in Deutschland gegeben. Die Finanzierungssituation ist aktuell auf einem hohen positiven Niveau. Der leichte Rückgang kann durch die nicht endgültig überwundene Finanzkrise in Europa erklärt werden. Es ist davon auszugehen, dass die aktuellen Finanzierungsbedingungen für KMU in den nächsten Jahren bestehen bleiben.[89]

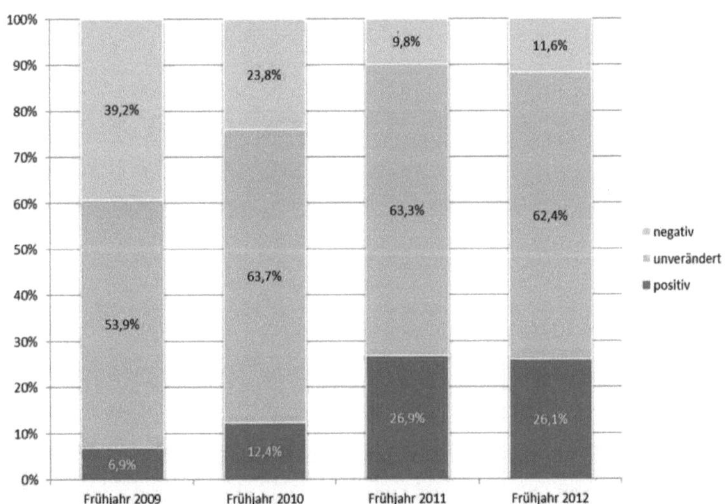

Abbildung 8: Entwicklung der Finanzierungsbedingungen[90]

Zusammenfassend ist festzustellen, dass Veränderungen der Unternehmensumwelt wesentliche Auswirkungen auf die Finanzierungssituation von Un-

[87] Vgl. Hommel, 2010, S. 52.
[88] Vgl. Grunow, 2010, S. 9 f.
[89] Vgl. Bundesverband der Deutschen Industrie e. V., 2012, S. 14.
[90] In Anlehnung an Bundesverband der Deutschen Industrie e.V., 2011, S. 16.

ternehmen haben können.[91] Die wirtschaftlichen Rahmenbedingungen ändern sich im Zuge der Globalisierung stetig und sind aus diesem Grund selbst für Experten schwer vorherzusagen. Da komplexe Finanzierungsmöglichkeiten jedoch ein breites Wissen über die ökonomischen Gegebenheiten erfordern, kann sich dies besonders für KMU nachteilig auswirken. Technologische sowie theoretische[92] Fortschritte nehmen zusätzlich Einfluss auf die Finanzierungsmöglichkeiten von KMU.[93]

2.4.3 Finanzierungsinstrumente von KMU und großen Unternehmen

Das Potenzial zur Anpassung der Finanzierungsstruktur an die erschwerten Bedingungen könnte nicht nur in klassischen Bankkrediten, sondern in den alternativen Finanzierungsinstrumenten liegen. Das Veränderungspotenzial liegt somit auf der Aktiv- und Passivseite der Bilanz.[94]

In Bezug auf die individuellen Eigenschaften der Finanzierungssituation von KMU ergibt sich eine präzise Rangfolge der genutzten Finanzierungsinstrumente. Bevorzugt werden Investitionen aus Einzahlungsüberschüssen getätigt. Nach Ausschöpfung dieser Rücklage wird die Aufnahme von Fremdkapital in Betracht gezogen. Da der Verschuldungsgrad idealerweise niedrig sein sollte, wird von vielen Unternehmen Fremdkapital mit Eigenkapitalcharakter bzw. Mezzanine-Kapital bevorzugt. Diese Alternative wird bei KMU jedoch auf Grund des hohen Aufwands, beschrieben durch die Pecking-Order-Theorie,[95] nicht genutzt.[96]

Die Befunde der Studien des statistischen Bundesamtes und der KFW-Bankengruppe belegen die Aktualität der aufgezeigten Thematik und bestätigen, dass die Innenfinanzierung als primäre Finanzquelle für KMU und Großunternehmen genannt werden kann. Nach Ausschöpfung dieser Finanzvolumina wird Fremdkapital, vornehmlich in Form von Bankkrediten, aufge-

91 Eine Veränderung von regulatorischen Rahmenbedingungen mit einer einhergehenden Veränderung der Finanzierungssituation für KMU wird in dieser Arbeit anhand der eingeführten Baseler Eigenkapitalverordnungen (Basel II) in Kapitel 4.3.3 veranschaulicht.

92 Unter theoretischem Fortschritt werden Entwicklungen der Kapitalmarkttheorie bezeichnet.

93 Vgl. Bizenberger, 2008, S. 21 ff.

94 Vgl. Reinemann, 2011, S. 129 ff.

95 Die Pecking-Order-Theorie besagt, dass Unternehmen ihre Finanzierungsinstrumente in Abhängigkeit vom jeweiligen Aufwand aussuchen. Dabei wird die Quelle mit dem geringsten Aufwand stets bevorzugt. Die Möglichkeit, Eigenkapital aufzunehmen, wird dabei zuletzt in Betracht gezogen.

96 Vgl. Reinemann, 2011, S. 129 ff.

nommen. Gesellschafterdarlehen stellen eine weitere Möglichkeit der externen Finanzierung dar. Ferner kommen als Sonderformen der Finanzierung das Leasing sowie das Factoring in Frage. Letztere Variante ist dabei besonders für Großunternehmen interessant, da oftmals die geforderten Voraussetzungen, die im weiteren Verlauf der Arbeit erläutert werden, erfüllt werden können. Zuletzt werden Finanzierungsinstrumente wie externes Eigenkapital oder Mezzanine-Kapital in die Überlegungen einbezogen. Diese Zwischenform zeigt in der Analyse des statistischen Bundesamtes überraschenderweise eine identische Bedeutung für Unternehmen aller Rechtsformen auf. Dieser Umstand lässt auf eine zunehmende Nutzung alternativer Finanzierungsinstrumente bei KMU schließen und wird durch die anhaltende Finanzkrise verstärkt. Trotzdem ist der Finanzierung mittels Beteiligungs- bzw. Mezzanine-Kapital gegenüber dem reinen Fremdkapital sowie der Innenfinanzierung eine niedrigere Relevanz zuzuordnen.[97]

Zu einem nahezu identischen Ergebnis bezüglich der Auswahl von Finanzierungsinstrumenten von KMU kommt ein Mittelstandspanel der KfW-Bankengruppe. Auch hier erweist sich die Nutzungsstruktur der Finanzierungsinstrumente als relativ konstant. Zudem existiert eine Rangfolge bezüglich der möglichen Finanzierungsquellen von KMU. Vor allem bei mittleren Unternehmen spielen Bankkredite eine wichtige Rolle und werden gegenüber der Finanzierung aus Eigenmitteln bevorzugt. Die Auswahl von Finanzierungsinstrumenten nach der Pecking-Order-Theorie kann in dieser Studie erneut bestätigt werden.[98]

Basierend auf den oben aufgeführten Studien, werden die aufgelisteten Finanzierungsinstrumente und -möglichkeiten in den nachfolgenden Kapiteln näher betrachtet:

- Innenfinanzierung
- Kunden- und Lieferantenkredite
- Kurzfristige Bankkredite
- Schuldscheindarlehen

[97] Vgl. Zimmermann/Steinbach, 2011, S. 79 ff.; Statistisches Bundesamt, 2011, S. 21.
[98] Vgl. KfW-Bankengruppe, 2011, S. 53 ff.

- Langfristige Bankkredite
- Private Debt
- Gesellschafterdarlehen
- Leasing
- Factoring und Asset-Backed-Securities
- Beteiligungskapital
    - Aufnahme neuer Gesellschafter
    - Private Equity
- Mezzanine Kapital
    - Nachrangdarlehen
    - Stille Gesellschaft
    - Genussrechte

Die Unternehmensanleihe ist bei KMU lediglich von geringer Bedeutung. Dieses Instrument wird dennoch als potenzielles Finanzierungsinstrument für KMU im weiteren Verlauf kurz vorgestellt. Neben den genannten Finanzierungsinstrumenten werden zudem das Crowdfunding und der Börsengang betrachtet. Die als Derivate bezeichneten, mit Realwerten hinterlegten Optionsscheine können ebenfalls als Sicherungsinstrumente für KMU fungieren. Allerdings sind derzeit keine eklatanten Veränderungen des Zinsniveaus zu erwarten, wodurch die Attraktivität dieses Instruments gering ist.[99] Auf eine genaue Betrachtung wird deswegen verzichtet.[100]

Eine grafische Darstellung in Bezug auf den aktuellen Bedeutungsgrad ausgewählter Finanzierungsquellen, aufgeteilt nach Unternehmensgrößen, kann Anhang II entnommen werden. Die systematische Einteilung der Instrumente ist dabei am inhaltlichen Aufbau dieser Ausarbeitung angelehnt. Darüber hinaus ist in Anhang III eine grobe Übersicht von Finanzierungsquellen nach Anzahl der Beschäftigten dargestellt.

---

[99] Vgl. Expertengespräch Volksbank Trier eG.

[100] Vgl. hierzu vertiefend Hull, 2006; Uszczapowski, 1999.

2.5 Finanzierungsformen

In diesem Kapitel werden verschiedene Finanzierungsformen für KMU, unterteilt in Innenfinanzierung und Außenfinanzierung, dargestellt. Die Innenfinanzierung wird dabei zu Beginn erläutert, da Unternehmen in der Praxis bemüht sind, ihren Finanzierungsbedarf vorerst durch die Erzielung und den Einbehalt von Gewinnen zu decken.[101]

2.5.1 Innenfinanzierung

Die Innenfinanzierung bezeichnet die Einbehaltung von Gewinnen aus der Kapitalfreisetzung des Umsatzprozesses sowie außerhalb des Umsatzprozesses und wird somit von den jeweiligen Unternehmen aus eigener Kraft vorgenommen.[102] Im Gegensatz zur Außenfinanzierung erfolgt sie ohne die Zuführung externen Kapitals und resultiert aus den Umsatzerlösen oder sonstigen Geldfreisetzungen.[103] Die Einbehaltung von Gewinnen durch die Kapitalfreisetzung aus dem Umsatzprozess setzt sich aus den nachfolgend abgebildeten Finanzierungsformen zusammen.

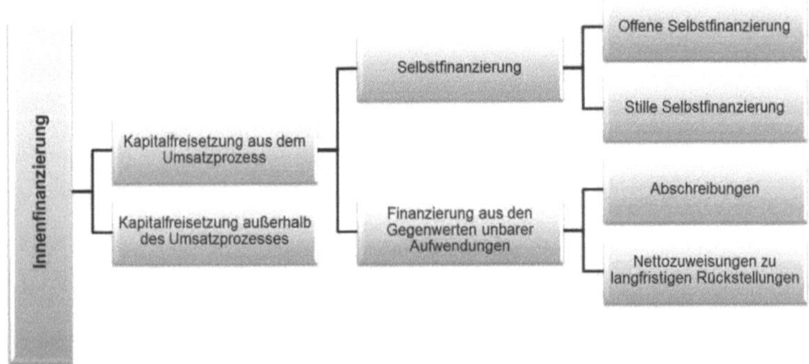

Abbildung 9: Die Innenfinanzierung[104]

[101] Vgl. Schneck, 2006, S. 99.
[102] Vgl. Olfert, 2011, S. 375.
[103] Vgl. Perridon/Steiner/Rathgeber, 2009, S. 471.
[104] In Anlehnung an Zantow/Dinauer, 2011, S. 287.

Die Finanzierung aus dem Cashflow nimmt in der Regel den größten Anteil bei der Finanzierung von KMU ein. Laut Definition ergibt sich der Cashflow folgendermaßen:

Bare Erträge ./. bare Aufwendungen = Cashflow

oder

Gewinn ./. unbare Erträge + unbare Aufwendungen = Cashflow

Eine Änderung auf beiden Seiten der Bilanz bringt keine Änderung des Cashflows mit sich, sondern lässt zusätzliche Zuflüsse aus der Außenfinanzierung und Abflüsse durch Investitionen auftreten.[105]

In der internationalen Fachliteratur wird die Innenfinanzierung durch den Cashflow definiert. Ungeachtet dessen wird die Innenfinanzierung in Deutschland aufgegliedert. Die Selbstfinanzierung kann aus dem Umsatzüberschuss oder aus Umsatzeinzahlungen durch Abschreibungen sowie Rückstellungen erfolgen.[106]

Auf Grund des fehlenden direkten Zugangs zum Kapitalmarkt ist die Selbstfinanzierung insbesondere für KMU von großer Relevanz. Zudem erhöhen steuerliche Aspekte die theoretische Attraktivität dieses Finanzierungsinstruments.[107] Die Hauptfinanzierungsquelle von KMU ist die Innenfinanzierung, bestehend aus Gewinnen, Abschreibungen und Rücklagen. Dies liegt darin begründet, dass es sich hierbei um eine sehr günstige Finanzierungsform handelt. Mit zunehmender Unternehmensgröße steigt auch die Innenfinanzierungskraft und somit die Relevanz der Innenfinanzierungsinstrumente.[108]

2.5.1.1 Offene Selbstfinanzierung

Eine aus zurückgehaltenen Gewinnen erfolgte Finanzierung wird als Selbstfinanzierung bezeichnet.[109] Eine offene Selbstfinanzierung liegt dann vor, wenn der Gewinn buchhalterisch feststellbar ist und weder teilweise noch

[105] Vgl. Zantow/Dinauer, 2011, S. 286 ff.
[106] Vgl. Perridon/Steiner/Rathgeber, 2009, S. 472.
[107] Vgl. Olfert, 2011, S. 385.
[108] Vgl. Zimmermann/Steinbach, 2011, S. 81 f.
[109] Vgl. Olfert, 2011, S. 377.

absolut ausgeschüttet werden soll. Die Finanzierung erfolgt durch eine Gewinnthesaurierung und ergibt sich aus dem in der Bilanz und GuV ausgewiesenen Gewinn bzw. Jahresüberschuss. Dieser unterliegt der Einkommen- bzw. Körperschaftsteuer sowie der Gewerbesteuer.[110]

Die vorgeschriebene Verwendung des Gewinns ist je nach Rechtsform des Unternehmens zu unterscheiden.[111] Personengesellschaften sind nicht dazu verpflichtet, das Eigenkapital weiter aufzugliedern. Zudem existieren keinerlei gesetzliche Vorschriften zur Gewinnthesaurierung. Lediglich die gesetzliche Entnahmeregelung nach § 122 Abs. 1 HGB schränkt die Einbehaltung von Erträgen geringfügig ein. Diese gesetzliche Vorschrift gilt nach § 109 HGB jedoch nur solange, bis im Gesellschaftsvertrag keine gegenteiligen Bestimmungen festgelegt werden.[112] Die Thesaurierung ausgewiesener Gewinne erfolgt bei Einzelunternehmen und Personengesellschaften demnach durch den Ausgleich des Kapitalkontos und einen Verzicht auf weitere Entnahmen.

Bei Kapitalgesellschaften mit festem Nominalkapital werden zurückgehaltene Gewinne dagegen nach § 266 und 272 HGB den offenen Rücklagen zugeführt. Insgesamt kann durch die Thesaurierung die Eigenkapitalbasis gestärkt werden. Dies hat eine Reduktion der Krisenanfälligkeit bei Unternehmen zur Folge.[113] Als Nachteil kann die Reduktion der Dividenden für die jeweiligen Aktionäre gesehen werden, da diese durch die Einbehaltung der Gewinne geringer ausfallen.[114]

2.5.1.2 Stille Selbstfinanzierung

Die stille Selbstfinanzierung entsteht durch das Nichtausweisen von Gewinnen oder Wertsteigerungen von materillen sowie immateriellen Gütern und führt zur Bildung stiller Reserven. Diese Vorgehensweise verhindert Ausschüttungen bzw. Entnahmen. Im Gegensatz zu der offenen Selbstfinanzierung führt diese Art der Finanzierung zu einer Erhöhung des ökonomi-

---

[110] Vgl. Perridon/Steiner/Rathgeber, 2009, S. 472.
[111] Vgl. Olfert, 2011, S. 377.
[112] Vgl. Zantow/Dinauer, 2011, S. 287 ff.
[113] Vgl. Perridon/Steiner/Rathgeber, 2009, S. 472 ff.
[114] Vgl. Wirtschaftslexikon Gabler (a), o.J.

schen Eigenkapitals. Dieser Anstieg wirkt sich weder auf die bilanzielle Höhe des Eigenkapitals aus, noch ist er in der Bilanz erkenntlich.[115]

Darüber hinaus besitzt die stille Selbstfinanzierung den Vorteil der Steuerstundung. Während ein Unternehmen bei der offenen Selbstfinanzierung den Gewinn nach Steuern zurückbehält, wird der theoretisch zu versteuernde Gewinn durch eine Erhöhung des Periodenaufwands verringert. Die Gewinne aus stillen Rücklagen werden erst bei der Auflösung dieser versteuert.[116]

Stille Reserven bilden sich durch die Unterbewertung von Vermögen bzw. durch die Überbewertung von Fremdkapital. Bei Unternehmen, die bestimmte Aktiva nicht bzw. nicht in voller Höhe ausweisen dürfen (Zwangsreserven), kann es dabei zu einer Unterbewertung von Vermögen kommen. Zudem können stille Reserven durch Ermessensspielräume bei der Bewertung von Aktiva entstehen (Ermessungsreserven). Die Ermessensspielräume entstehen durch Wahlrechte im Handels- und Steuerrecht. Deren Inanspruchnahme muss stets im Rahmen der Bilanzierungsvorschriften erfolgen und darf nicht rechtlich unzulässig sein (Willkürreserven). In Bezug auf die Überbewertung von Passiva können vergleichbare Möglichkeiten für die Bildung stiller Reserven genutzt werden. Die Ermessungsreserven stellen dabei das gängigste Mittel dar. Generell gibt das HGB hinsichtlich der stillen Reserven eine stärkere kaufmännische Achtsamkeit vor, als es nach IFRS oder United States Generally Accepted Accounting Principles (US-GAPP) gehandhabt wird. Die Regelungen des HGB führen zu besonders ausgeprägten Vorschriften, die sich bis zum Zwang, stille Reserven zu bilden, erstrecken.[117] In Bezug auf Fristen lassen sich dauerhafte, langfristige, mittelfristige und kurzfristige stille Reserven unterscheiden.[118]

2.5.1.3 Abschreibungen und langfristige Rückstellungen

Abschreibungen stellen Aufwands- bzw. Kostenfaktoren dar und bewirken eine Vermögensumschichtung. Durch die Umwandlung der in Anlagen gebundenen Finanzierungsmittel in Liquidität kommt es zu einer Wertminde-

[115] Vgl. Perridon/Steiner/Rathgeber, 2009, S. 472 ff.

[116] Vgl. Schneck, 2006, S. 102.

[117] Vgl. Zantow/Dinauer, 2011, S. 290 f.

[118] Vgl. Olfert, 2011, S. 383

rung von Vermögensgegenständen innerhalb einer Periode. Gleichzeitig erhöht sich dabei der Bestand an Zahlungsmitteln. Da diese Bestandserhöhung jedoch kein Zuwachskapital[119] darstellt, kann die Abschreibung zwar als Innenfinanzierungsvorgang definiert, nicht aber der Selbstfinanzierung zugerechnet werden.[120]

Unter dem Vorbehalt, dass Unternehmen Abschreibungen bei der Kalkulation als Kostenfaktor in die Verkaufspreise einbeziehen, können Finanzierungseffekte entstehen. Umsatzerlöse aus dem Verkauf von Vermögensgegenständen können dann als Einzahlungen in das Unternehmen zurückfließen, wenn die Umsatzerlöse mindestens so hoch sind wie die Selbstkosten. Bei dieser Finanzierungsform lässt sich zwischen Kapitalfreisetzungseffekt und Kapazitätserweiterungseffekt differenzieren. Zu diesem Zweck können Abschreibungen in bilanzielle und kalkulatorische Abschreibungen gegliedert werden.[121] Ein besseres und detailliertes Verständnis in Form beispielhafter Abschreibungspläne vermittelt Anhang IV.

Rückstellungen[122] werden im betrieblichen Ablauf gebildet und können bilanzielle, steuerliche sowie finanzielle Auswirkungen haben. Sie stellen nach dem Handelsrecht Verbindlichkeiten, Verluste oder Aufwendungen dar, deren Entstehung, Höhe sowie Fälligkeit nicht bekannt sind. Rückstellungen können auf Grund von Abweichungen zwischen den gebildeten Rückstellungen und tatsächlichen Verbindlichkeiten Eigenkapitalanteile enthalten. Dies ist der Fall, wenn die Verbindlichkeiten niedriger sind als die betreffende Rückstellung oder wenn diese nicht fällig werden. Buchungstechnisch kommt es hier zu einem außerordentlichen Ertrag.[123]

Neben der Gewinnverwendung haben auch Höhe und Frist dieser Passivposten eine Wirkung bezüglich der Finanzierung: Je größer die Rückstellungsvolumina sind, desto stärker fällt auch der Finanzierungseffekt durch die mögliche Steuerersparnis aus. Rückstellungen, die absichtlich überhöht

[119] Zuwachskapital stellt zusätzliche Finanzierungsmittel in Form eines Wertezuwachses dar.

[120] Vgl. Becker, 2010, S. 247; Busse, 2003, S. 737.

[121] Vgl. Becker, 2010, S. 247; Busse, 2003, S. 737.

[122] Rückstellungen stellen Passivposten der Bilanz dar, welche hinsichtlich Bestehens oder Höhe ungewiss sind, aber mit hoher Wahrscheinlichkeit erwartet werden.

[123] Vgl. Busse, 2003, S. 744.

sind, werden der stillen Selbstfinanzierung zugerechnet. Zusätzlich geht mit wachsender zeitlicher Differenz zwischen Bildung und Inanspruchnahme bzw. Auflösung der Rückstellung eine Stärkung des Finanzierungseffekts einher. Einen sehr langwierigen Charakter sowie hohes Volumen weisen Pensionsrückstellungen auf. Diese besitzen daher für Finanzierungszwecke aus Rückstellungen eine besondere Bedeutung. Durch die Überlappung der jährlichen Neubildung und Auflösung von kurzfristigen Rückstellungen kann ein erhebliches Finanzierungspotenzial generiert werden. Kurzfristige Rückstellungsarten können das Finanzierungspotenzial ebenfalls nachhaltig erhöhen. Dies kann durch die Überlappung der jährlichen Neubildungen und Auflösungen erreicht werden.[124]

2.5.2 Außenfinanzierung

Die Außenfinanzierung von KMU kann durch finanzielle Mittel in Form von Einlagen der Unternehmenseigner, Beteiligungen seitens der Gesellschafter, Krediten von Gläubigern sowie staatlichen oder sonstigen Subventionen erreicht werden.[125] Die Außenfinanzierung gliedert sich in Beteiligungs-, Kredit- und Mezzanine-Finanzierung.[126]

2.5.2.1 Einlagen- und Beteiligungsfinanzierung

Die Einlagen- und Beteiligungsfinanzierung umfasst alle Formen der Eigenkapitalbeschaffung, die durch bisherige oder neue Gesellschafter, bei der Unternehmensgründung oder in Folge nachträglicher Kapitalerhöhungen entstehen. Das Eigenkapital wird durch die externe Partei in Form von Sach- und Geldeinlagen oder Rechten eingebracht.[127] Die Beteiligungsfinanzierung kommt bevorzugt bei der Neugründung bzw. bei jungen Unternehmen zum Einsatz.

Investoren treten in Abhängigkeit von der Rechtsform bei einer Beteiligung an einer Aktiengesellschaft als Aktionär, bei einer GmbH als Anteilseigner

---

[124] Vgl. Becker, 2010, S. 250 f.

[125] Vgl. Perridon/Steiner/Rathgeber, 2009, S. 359.

[126] Vgl. Becker, 2010, S. 135.

[127] Vgl. Olfert, 2011, S. 179; Perridon/Steiner/Rathgeber, 2009, S. 360.

bzw. Gesellschafter und bei der Personengesellschaft als Mitunternehmer oder als stiller Gesellschafter auf.[128]

Durch Beteiligungsfinanzierung obliegen dem Investor diverse Rechte und Pflichten. Zu unterscheiden sind die Finanzierungs-, Haftungs-, Repräsentations- und Geschäftsführungsfunktion. Erstere bildet durch die Bereitstellung von Eigenkapital die Hauptfunktion der Beteiligungsfinanzierung. Sie kann sowohl direkt als auch indirekt erfolgen und ermöglicht in Folge der erhöhten Haftungsbasis einen besseren Zugang zu zusätzlichen Finanzmitteln. Der Kapitalgeber erhält dabei je nach Höhe der Beteiligung einen Anteil am Unternehmenswert und damit auch an den stillen Reserven. Zusätzlich kann er ein Mitwirkungsrecht in Bezug auf die Geschäftsführung erhalten sowie am Gewinn des Unternehmens partizipieren. Gleichzeitig übernimmt der Kapitalgeber jedoch auch Risiken, da er ebenso die Verluste des Betriebes mitzutragen hat. Sollte es zu einer Liquidation des Unternehmens kommen, ist eine Beteiligung des Kapitaleigners am Erlös rechtens.[129]

Die Motive einer Beteiligungsfinanzierung unterscheiden sich je nach Lebenszyklusphase des Unternehmens. Diese können in Gründung, Kapitalerhöhung, Umwandlung, Kapitalherabsetzung und Liquidation unterteilt werden. Zudem ergeben sich durch die Beteiligungsfinanzierung Mitwirkungs- und Kontrollrechte für die Eigenkapitalgeber, die bis hin zur Übernahme der Unternehmensführung reichen können. Demnach müssen die bisherigen Gesellschafter bei Einlagen neuer Gesellschafter mit einer Einschränkung ihrer Befugnisse rechnen.[130] Ferner kann durch Einlagen von Alt-Gesellschaftern die Eigenkapitalbasis von KMU auf einem einfachen Weg gefestigt werden. Diese Kräftigung aus privaten Mitteln stellt jedoch eine sehr begrenzte und demnach unbeliebte Variante dar.[131]

Die nachfolgende Tabelle zeigt die Möglichkeiten einer Beteiligungsfinanzierung exemplarisch für drei verschiedene Rechtsformen:

[128] Vgl. Becker, 2010, S. 133 ff.; TU Dresden, 2009.
[129] Vgl. Becker, 2010, S. 133 ff.; TU Dresden, 2009.
[130] Vgl. Becker, 2010, S. 133 ff.; TU Dresden, 2009.
[131] Vgl. Achleitner/von Einem/von Schröder, 2004, S. 26.

Kriterien	Einzelunternehmen	KG	AG
Finanzierungsfunktion	• Eigenkapitalbasis begrenzt auf Privatvermögen • Erweiterung nur durch Selbstfinanzierung (oder stille Gesellschafter)	• Eigenkapitalerweiterung durch Komplementär, Kommanditist und stille Gesellschafter • Mindesteigenkapital nicht vorgeschrieben	• unkündbare Beteiligungsfinanzierung • viele einzigartige Finanzierungsmöglichkeiten • Mindesteigenkapital i.H.v. 50.000 Euro
Haftungsfunktion	• kein Mindesthaftungskapital • unbeschränkte persönliche Haftung	• Komplementär haftet uneingeschränkt • Kommanditist haftet i.d.R. mit Vermögenseinlage	• Haftung nur mit Geschäftsvermögen • Risiko der Aktionäre auf Einlage beschränkt
Repräsentationsfunktion	• Kreditwürdigkeit abhängig vom Unternehmens- und Privatvermögen	• nach außen: hohe Kreditwürdigkeit durch breite Beteiligungsmöglichkeiten • nach innen: Machtverteilung entsprechend der Art der Haftung möglich	• nach außen: hohe Kreditwürdigkeit durch breite Finanzierungsbasis und Gläubigerschutz • nach innen: Geschäftsführer, Vorstand, Aufsichtsrat als wichtigste Organe
Geschäftsführungsfunktion	• alleinige Geschäftsführung	• grundsätzlich Geschäftsführung durchKomplementäre, Kommanditisten nur kapitalmäßige Beteiligung	• Aufsichtsrat wählt Vorstand • Trennung von Geschäftsführung und Kapitaleigner
Art der Beteiligung	• Umwandlung von Privatvermögen in Eigenkapital	• Einlage von Eigenkapital	• Erwerb von Unternehmensanteilen

Tabelle 3: Beteiligungsfinanzierung verschiedener Rechtsformen[132]

In der Praxis haben sich aus diesem Grund Organisationen etabliert, die sich auf die Beteiligungsfinanzierung spezialisiert haben. Die Beteiligung durch taktische, finanzanlagenorientierte Investoren zeichnet sich durch ein kurzfristiges Engagement aus und hat eine schnelle Wertsteigerung zum Ziel. Strategische Investoren hingegen weisen eine nachhaltigere Denkweise auf und verfolgen eine sachliche und langfristige Zielsetzung. Weiterhin sind sowohl private Personen als auch finanzbranchenfremde Unternehmen auf dem Beteiligungsmarkt aktiv. Dies kann in Form des Kommanditisten, stillen Gesellschafters oder Halters von Genossenschaftsanteilen erfolgen.

Finanzintermediäre und Kapitalsammelstellen vermitteln zwischen Kapitalanlegern auf den Eigen- und Fremdkapitalmärkten. Hedge- und Private Equity-Fonds können hierbei als Finanzinvestoren agieren. Erstere stellen dabei ein risikoreiches und taktisches Investment mit vergleichsweise kurzfristigem Anlagehorizont dar. Die Private Equity-Finanzierung bezeichnet hingegen eine nachhaltigere Form der Beteiligungsfinanzierung, die einen starken Einfluss auf das operative Geschäft haben kann.[133]

---

[132] In Anlehnung an TU Dresden, 2009.

[133] Vgl. Zantow/Dinauer, 2011, S. 117 ff.

Investieren Unternehmen ohne direkten Zugang zum Kapitalmarkt in Beteiligungen ohne die Beratung von Vermittlern, führt dies oftmals durch die fehlende Erfahrung zu Schwierigkeiten. Diese entstehen aus der fehlenden Emissionsfähigkeit und der Einschränkung der Mitspracherechte bisheriger Gesellschafter. Des Weiteren kann auch die Aufteilung der stillen Reserven und zukünftigen Gewinne erschwert werden. Bei Aufnahme und Ausstieg von Gesellschaftern ist generell eine Bewertung des Unternehmens schwierig, da in diesem Fall der Wert des Unternehmens nicht über die Börse festgelegt werden kann.[134]

Schwierigkeiten, die bei der Veräußerung von nicht emissionsfähigen Unternehmen zwischen Verkäufer und Käufer entstehen, lassen sich durch das sogenannte Lemon-Problem begründen. Dieses veranschaulicht das grundlegende Problem der asymmetrischen Informationsverteilung zwischen beiden Parteien. Es ist auf den Beteiligungsmarkt übertragbar.[135] Einen detaillierten Einblick in die Thematik der Unternehmensbewertung von KMU in Deutschland liefert Behringer.[136]

Zusammenfassend ist festzustellen, dass gewisse Formen der Beteiligungsfinanzierung eine Ergänzung der Finanzierungssituation von KMU darstellen können. Auch Unternehmen, die nicht an der Börse notiert sind, können bspw. Private Equity als Möglichkeit der Eigenkapitalfinanzierung nutzen. Der Einsatz dieses Instruments kann je nach Unternehmenssituation gezielt eingesetzt werden.[137] Eine detaillierte Betrachtung der direkten Beteiligungsfinanzierung bei nicht emissionsfähigen Unternehmen durch Private Equity und Venture Capital wird in Kapitel 5.3.2 weiter vertieft.

2.5.2.2 Kreditfinanzierung

Die Kreditfinanzierung stellt eine weitere Form der Außenfinanzierung dar. Sie umfasst die Aufnahme von Fremdkapital, das einem Unternehmen seitens externer Kapitalgeber zur Verfügung gestellt wird. Die Kreditüberlassung erfolgt befristet. Zudem entstehen keinerlei Mitspracherechte für die

[134] Vgl. Olfert, 2011, S. 180.
[135] Vgl. hierzu vertiefend Akerlof, 1970.
[136] Vgl. hierzu vertiefend Behringer, 2009.
[137] Vgl. Olfert, 2011, S. 264.

Kapitalgeber hinsichtlich der Geschäftsführung. Diese haben lediglich einen Anspruch auf Rückzahlung des gestellten Kapitals in nomineller Höhe zum Ende der Finanzierungszeit. Ferner ist der Fremdkapitalgeber weder am Gewinn noch am Verlust des Unternehmens beteiligt. Darüber hinaus haben Unternehmen bei der Kreditfinanzierung die Möglichkeit, die Fremdkapitalzinsen bei der Einkommen- bzw. der Körperschaftsteuer als Betriebsausgaben geltend zu machen.[138]

Da Fremdkapital generell nicht in das Eigentum des Unternehmens übergeht, kann man von einer schuldrechtlichen Beziehung zwischen dem Unternehmen als Schuldner und dem Kapitalgeber als Gläubiger sprechen. Demnach ist das Fremdkapital im Falle einer Insolvenz nicht der Insolvenzmasse zuzurechnen. Die erforderlichen geldlichen Mittel zur Fremdfinanzierung können über die Geld-, Kredit- oder Kapitalmärkte beschafft werden. Die verfügbare Höhe ist abhängig vom Finanzbedarf des Unternehmens sowie der Bereitschaft der Kapitalgeber, dem Unternehmen Aktiva zur Verfügung zu stellen.[139]

Die Vergütung der Fremdkapitalgeber erfolgt bei der Kreditfinanzierung durch einen fest vereinbarten Zins. Die Tilgungszahlungen stellen eine feste Liquiditätsbelastung dar. Weiterhin können neben den Zinsen weitere Kapitalkosten wie Provisionen, Bereitstellungsgebühren oder Disagio aufkommen, die durch individuelle Vereinbarungen zwischen Kapitalgebern und -nehmern festgelegt werden.[140]

Kreditfinanzierungen weisen üblicherweise eine lange Laufzeit auf. Aus diesem Grund werden seitens der Kreditinstitute detaillierte Kreditwürdigkeitsprüfungen durchgeführt.[141] Als Sicherheiten[142] für Kreditinstitute können bspw. die bei der Immobilienfinanzierung eingeräumten Grundpfandrechte oder die Eintragung einer Grundschuld dienen. Bei der Vergabe von Krediten unterscheiden sich die Institute oftmals durch eine unterschiedliche Berech-

[138] Vgl. Perridon/Steiner/Rathgeber, 2009, S. 383 f.

[139] Vgl. Olfert, 2011, S. 277 f.

[140] Vgl. hierzu und im Folgenden Zantow/Dinauer, 2011, S. 142.

[141] Dieser Vorgang wird in Kapitel 4.3 erläutert.

[142] Kreditsicherheiten werden in Kapitel 4.3 lediglich oberflächlich erwähnt; auf eine ausführliche Analyse wird verzichtet und hierzu auf Schneck 2006, S. 118 ff. verwiesen.

nung der Beleihungsgrenze oder der Verkehrswerte.[143] Eine Übersicht hinsichtlich der verschiedenen Kreditarten, bei denen zwischen Geld- oder Kreditleihe[144] unterschieden wird, kann Anhang V entnommen werden.[145]

Die Kreditfinanzierung besitzt insbesondere für nicht kapitalmarktfähige KMU einen hohen Stellenwert, da diesen die Emission von Wertpapieren auf Grund ungenügender Ausgabevolumen verschlossen ist.[146]

2.5.2.3 Mischformen

Bei einer Außenfinanzierung existieren diverse Mischformen, die sowohl Eigen- als auch Fremdkapitalcharakter aufweisen können. Das Mezzanine-Kapital stellt eine solche hybride Ausprägung dar. Bei dieser Finanzierungsform wird im Regelfall eine steuerliche Abzugsfähigkeit der Ausschüttung wie bei Fremdkapital angestrebt. Die Ausweisung in der Handelsbilanz erfolgt dagegen als Eigenkapital. Allgemein wird das Mezzanine-Kapital in der deutschen Gesetzgebung nur vereinzelt erwähnt und geregelt (§ 230-236 HGB), gleichwohl kann es durch folgende Merkmale definiert werden:[147]

- Nachrangigkeit gegenüber dem Fremdkapital und Vorrangigkeit gegenüber dem zu haftenden Eigenkapital im Falle einer Insolvenz
- Die Kapitalkosten liegen zwischen denen des Eigenkapitals und denen des Fremdkapitals
- Ausstattung mit einer sogenannten Kicker-Funktion[148]
- Zeitlich befristete Kapitalüberlassung wie beim Fremdkapital (fünf bis zehn Jahre)
- Flexible Ausgestaltungsmöglichkeiten bei Vertragskonditionen zur Kapitalüberlassung
- Verzicht auf Sicherheiten

[143] Vgl. Olfert, 2011, S. 325.

[144] Vgl. Zantow/Dinauer, 2011, S. 189.

[145] Nachfolgend werden ausschließlich Kredite betrachtet, die der Geldleihe zugeordnet werden können.

[146] Die in der Praxis von deutschen KMU angewandten, üblichen Kreditfinanzierungen werden in Kapitel 4 ausführlich skizziert.

[147] Vgl. Zantow/Dinauer, 2011, S. 44; Werner, 2007, S. 22.

[148] Der Kicker stellt die Möglichkeit für Kapitalgeber dar, sich am Erfolg des Unternehmens beteiligen zu können.

- Aufwendungen für die Kapitalbereitstellung sind in der Regel steuerlich absetzbar
- Positive Wirkung auf ein Rating
- Finanzierung unabhängig von der Rechtsform

Zusätzlich unterscheidet die Mezzanine-Finanzierung zwischen eigenkapital- und fremdkapitalähnlichen Geldmitteln.[149] Die Qualifizierungsmerkmale können dabei der nachfolgenden Darstellung entnommen werden.

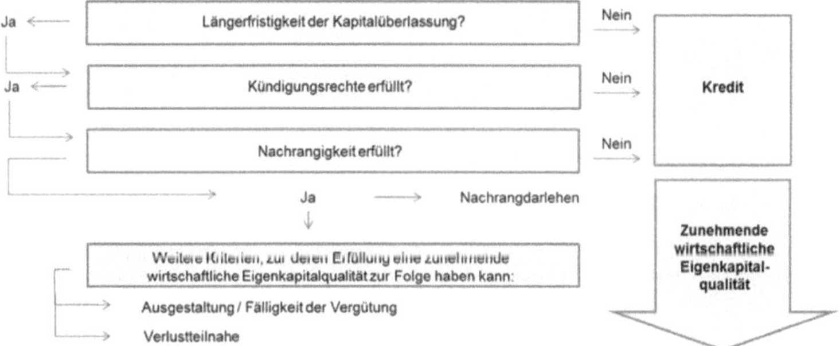

Abbildung 10: Ratingprozess zur Qualifizierung von Mezzanine-Kapital[150]

Weiterhin kann Mezzanine-Kapital in Senior-Mezzanine-Kapital (Debt Mezzanine Capital) und Junior-Mezzanine-Kapital (Equity Mezzanine Capital) gegliedert werden. Während es sich bei ersterem um Mezzanine-Kapital mit Fremdkapitalcharakter handelt, weist zweiteres Eigenkapitalcharakter auf. Generell lässt sich Mezzanine-Kapital nicht pauschal einer der beiden Kategorien zuordnen, da Einzelheiten der Vereinbarung mit der Bank die Kategorisierung der Kapitalform bestimmen. Beide Formen werden jedoch wirtschaftlich als Eigenkapital betrachtet. In Bezug auf die Bilanzierung wird das Debt Mezzanine Capital analog zu Fremdkapital behandelt, Equity Mezzanine Capital ist hingegen als Eigenkapital zu bilanzieren. Aus steuerlicher Sicht werden beide Varianten als Fremdkapital betrachtet.[151] Im Falle einer Insolvenz wird das Senior-Mezzanine-Kapital gegenüber dem Junior-Mezzanine-

[149] Vgl. Zantow/Dinauer, 2011, S. 44.

[150] In Anlehnung an Reinemann, 2011, S. 151.

[151] Vgl. Wirtschaftslexikon Gabler (b), o. J.; Wirtschaftslexikon Gabler (c), o. J.

Kapital bevorzugt. Beide werden nach dem vorrangigen Fremdkapital, jedoch vor dem nachrangigen Eigenkapital bedient.

Die Rendite des Mezzanine-Kapitals teilt sich in die erfolgsunabhängige Basisverzinsung sowie die kapitalisierenden Zinsen auf. Zusätzlich kann der Kapitaleigner über die Kicker-Komponente am Unternehmenserfolg beteiligt werden. Während die Zinskomponente den größten Anteil der Finanzierungsaufwendungen bildet, tritt die Kicker-Komponente nur unter günstigsten Umständen am Ende der Finanzierungszeit auf. Die Höhe hängt dabei von der Entwicklung des Unternehmenswertes ab.[152]

Die Rechte der Kicker-Komponente lassen sich wie folgt unterteilen:[153]

- Equity-Kicker-Rechte auf die Beteiligung am Eigenkapital zu vorerst festgelegten Bedingungen
- Non-Equity-Kicker-Prämienzahlungen bei Fälligkeit des Mezzanine-Kapitals zumeist in Abhängigkeit von der Steigerung des Unternehmenswertes

Letztlich kann die Mezzanine-Finanzierung nach der Quelle der Geldmittel bzw. der Nutzung des Kapitalmarkts in kapitalmarktfähige und in nicht kapitalmarktfähige Finanzierungsmittel eingeteilt werden.[154]

Die wichtigsten Mezzanine-Instrumente bilden Genussrechte, stille Beteiligungen sowie Nachrangdarlehen. Diese werden detailliert in Kapitel 5.4 erläutert. Individuelle Mezzanine-Finanzierungen weisen bei mittelständischen Unternehmen und deren vergleichsweise geringem Kapitalbedarf erhebliche Fixkosten auf. Angesichts dessen bilden besonders die sogenannten Standard-Mezzanine-Programme eine Alternative für KMU.[155] Die Bedeutung dieser Finanzierungsform wird ebenfalls in Kapitel 5.4 analysiert. Dabei steht besonders die nicht kapitalmarktfähige Mezzanine-Finanzierung im Fokus der Untersuchung. Auf die Problematik der Standard-Mezzanine-Finanzierung wird in Kapitel 9.1 hingewiesen.

---

[152] Vgl. Zantow/Dinauer, 2011, S. 45.
[153] Vgl. Zantow/Dinauer, 2011, S. 45.
[154] Vgl. Portisch, 2008, S. 217.
[155] Vgl. Reinemann, 2011, S. 151.

3 Finanzierungsstruktur von KMU in Deutschland

In diesem Kapitel wird zunächst auf die Zusammensetzung der Kapitalstruktur von KMU eingegangen. Dabei wird u. a. auf die horizontale und die vertikale Finanzierungsregel eingegangen. Außerdem wird der sogenannte Leverage-Effekt erörtert. Zudem wird die Kapitalstruktur unter dem Aspekt der gestiegenen Eigenkapitalanforderungen und deren Auswirkungen betrachtet. Der zweite Abschnitt dieses Kapitels befasst sich mit der Entwicklung der Eigenkapitalquote im Zeitverlauf. Dabei wird der Einfluss von wirtschaftlichen und gesellschaftlichen Ereignissen erläutert. Darüber hinaus wird die Bedeutung der durchschnittlichen und der optimalen Eigenkapitalquote dargelegt.

3.1 Kapitalmarkttheorien mit Bezug zu kleinen und mittleren Unternehmen

Eine Schlüsselaufgabe der betriebswirtschaftlichen Kapitaltheorien ist die Entwicklung einer Strategie zur optimalen Kapitalbeschaffung. Unternehmen müssen unter Berücksichtigung bestimmter Kriterien die traditionellen Finanzierungsregeln genauso beachten wie die kapitaltheoretischen Schemata. Diese setzen sich aus klassischen, traditionellen, neoklassischen und neoinstitutionellen Kapitalstrukturmodellen zusammen.[156]

Im strategischen Planungsbereich werden Kapital- und Vermögensstrukturen geplant, die sich an den Kriterien der Kreditwürdigkeitsprüfung bei der Kapitalbeschaffung orientieren. Die Umsetzung einer als ideal betrachteten Kapitalstruktur ist allerdings schwierig zu bewerten. Der Grund dafür ist, dass die Eigenkapitalgeber, die Fremdkapitalgeber und das Unternehmen jeweils unterschiedliche Faktoren in ihre Überlegungen einbeziehen. Die Kapitalstruktur kann jedoch nur auf eine Zielgruppe optimiert werden. Des Weiteren ergeben sich aus den unterschiedlichen Interessen der Parteien auch unterschiedliche Verhaltensweisen, die auf die Kapitalstruktur einwirken. Der Grund für diese verschiedenen Betrachtungsweisen sind die voneinander abweichenden Risiken bei Eigenkapitalgeber, Fremdkapitalgeber und Unternehmen.[157]

---

[156] Vgl. Perridon/Steiner/Rathgeber, 2009, S. 487.

[157] Vgl. Olfert, 2011, S. 95 ff.

Nach der Rechtsstellung der Kapitalgeber kann die jeweils in Anspruch genommene Finanzierungsform dem Eigen- oder Fremdkapital bzw. einer Mischform zugeordnet werden.[158] Die Eigenschaften der Finanzierung durch Eigen-, Fremd- und Mezzanine-Kapital können im Anhang VI eingesehen werden.

In Bezug auf die Kapitalstruktur müssen sowohl horizontale als auch vertikale Finanzierungsregeln beachtet werden. Die horizontale Regel wird auch als die „goldene" Finanz- und Bilanzregel bezeichnet. Diese besagt, dass langfristiges Vermögen – dies ist in aller Regel Anlagevermögen – langfristig finanziert sein sollte. Dies bedeutet, dass das Anlagevermögen durch die Summe aus Eigenkapital und langfristigen Finanzierungsmitteln gedeckt sein sollte. Das Umlaufvermögen kann hingegen kurzfristig finanziert werden.

Der Verschuldungsgrad wird durch das Verhältnis zwischen Eigen- und Fremdkapital im Rahmen der vertikalen Finanzierungsregel definiert. Bei dieser Finanzierungsregel wird festgelegt, dass ein Unternehmen einen maximalen Verschuldungskoeffizienten in der Höhe eins aufweisen kann.

Die Anwendung der horizontalen und vertikalen Finanzierungsregel reicht jedoch nicht aus, um den Fortbestand eines Unternehmens dauerhaft und langfristig zu sichern. Das liegt daran, dass die Gegenüberstellung von Bilanzwerten durch Faktoren, wie veraltete Daten oder Posten des Umlaufvermögens, die aus Gründen der Sicherheit langfristig finanziert werden müssen, verfälscht werden kann.

Ein Betrieb sollte stets Kenntnis von der Höhe seines Verschuldungskoeffizienten besitzen. Die Steigerung der Rentabilität des Eigenkapitals durch den gezielten Einsatz von Fremdkapital kann die Entwicklung des Unternehmens begünstigen. Die Fremdkapitalkosten sollten die Aufwendungen für das Gesamtkapital minimieren, sodass eine Maximierung des Unternehmenswertes erreicht werden kann.[159]

---

[158] Vgl. Poritsch, 2008, S. 220.

[159] Vgl. Zantow/Dinauer, 2011, S. 522 f.; Busse, 2003, S. 907.

Die Optimierung der Kapitalstruktur wird nachfolgend nicht unter dem Aspekt der Kapitalstrukturmodelle untersucht. Vielmehr sollen Finanzierungsmethoden betrachtet werden, die eine Alternative darstellen können.

Unternehmerische Entscheidungen, die auf Basis der Werte von Kapitalhöhe, -kosten, -fristigkeit, -flexibilität, -sicherheiten, -einfluss und Grenzrentabilität getroffen werden, stellen wesentliche Verbesserungsmöglichkeiten dar.

Die Grenzrentabilität ist dabei von besonderer Bedeutung. Ist der Zinsaufwand für Fremdkapital geringer als die erreichte Gesamtkapitalrentabilität, kann die Verzinsung des Eigenkapitals ab einer gewissen Eigenkapitalrentabilität durch die Aufnahme von weiterem Fremdkapital gesteigert werden. Dieser Effekt wird als Leverage-Effekt bezeichnet. Er stellt eine Beziehung zwischen der Kapitalstruktur und den zu leistenden Kapitalkosten für eine Finanzierungsalternative her. Die optimale Ausreizung des Leverage-Effektes liegt vor, sobald sich die Grenzkosten der Finanzierung auf gleicher Höhe mit den Grenzerträgen der Investition bewegen. Voraussetzung ist jedoch, dass der Ertrag aus einer mit zusätzlichem Kapital verbundenen Investition ebenso konstant ist wie der Sollzinssatz. Letzterer muss gleichermaßen unter der Investitionsrendite bzw. Gesamtkapitalrentabilität liegen.[160] Die Verbesserung der Eigenkapitalrentabilität im Zuge einer Fremdkapitalzuführung kann ein sinnvolles Instrument des Finanzmanagements mittelständischer Unternehmen sein. Diese befinden sich allerdings oftmals im Zwiespalt zwischen Sicherheit – bei niedrigen Verschuldungskoeffizienten – oder der Möglichkeit, eine hohe Eigenkapitalrentabilität zu erreichen.[161]

Die Bedeutung der Kapitalstruktur kann zusätzlich unter dem Aspekt der gestiegenen Eigenkapitalanforderungen bezüglich der Bonitätsprüfung von Kreditinstituten betrachtet werden. Bei Unternehmen mit einer geringen Eigenkapitalausstattung kann es demnach zu Komplikationen bei der Aufnahme weiteren Fremdkapitals kommen, da die Banken oftmals die Eigenkapitalquote zur Beurteilung der Kreditwürdigkeit heranziehen und ihre Entscheidung an diesem Ergebnis ausrichten. Für die Gläubiger steigt bei einer ge-

[160] Vgl. Olfert, 2011, S. 102 f.

[161] Vgl. Zantow/Dinauer, 2011, S. 523.

ringen Eigenkapitalquote eines Unternehmens das Risiko, Kapital zu verlieren, da der eingeplante Puffer für Verluste binnen kurzer Zeit aufgebraucht ist. Die Berücksichtigung der Insolvenzkosten hat demnach einen negativen Einfluss auf den Unternehmenswert, da seitens der Kreditinstitute eine Risikoprämie einkalkuliert wird (siehe dazu Kapitel 4.4). Des Weiteren sind Unternehmen, die einen geringen Eigenkapitalanteil aufweisen, in ihrer Innovationsfähigkeit eingeschränkt. Innovationen sind naturgemäß mit hohen Kosten und einem großen Risiko behaftet.[162]

Die rein theoretischen Modelle,[163] die die Kapitalstruktur von Unternehmen konkretisieren, liefern geringen Aufschluss über die effektive Zielkapitalstruktur von KMU. In der Praxis orientieren sich Unternehmen an einer Minimierung der Kapitalkosten, an der Minimierung der Informationsasymmetrien oder der Minderung von Insolvenzrisiken. Auch die Optimierung von Steuervorteilen kann eine Rolle spielen.[164] Die klassischen Kapitalstrukturmodelle, die von Unternehmen verwendet werden, liefern kaum Aufschluss über die zu empfehlende Kapitalsituation von KMU. Angesichts dessen ist bei KMU eine Ausrichtung der Zielkapitalstruktur an Hand dieser theoretischen Modelle fraglich.[165]

Basierend auf Untersuchungen der KfW-Bankengruppe, ist eine Übereinstimmung zwischen der Entwicklung der Eigenkapitalquote und dem darauf folgenden Anpassungsverhalten der KMU nach der Trade-off-Theorie erkennbar. Das Trade-off-Modell von Modigliani und Miller beschreibt eine optimale Kapitalstruktur. Dabei sind Umsatzrendite, Sachanlagenquote, Forschungs- und Entwicklungsintensität, Unternehmensgröße sowie Branchenkonjunktur die Determinanten der optimalen EK-Quote. Die Pecking-Order-Theorie als Strategie in Bezug auf die Kapitalstruktur von KMU ist ebenfalls präsent. Aktuell haben KMU kaum Möglichkeiten, auf empirische Erkenntnisse in Bezug auf die Gestaltung der Kapitalstruktur zurückzugreifen.[166] Die

[162] Vgl. Portisch, 2008, S. 173; Reinemann, 2011, S. 131.
[163] Vgl. hierzu bspw. das Modigliani-Miller-Modell
[164] Vgl. Reinemann, 2011, S. 131.
[165] Vgl. Salge, 2006, S. 112.
[166] Vgl. KfW-Bankengruppe, 2011, S. 40 f.

geführten Expertengespräche ergaben zudem, dass eine vorhandene Kapitalstruktur mittelfristig in der Praxis kaum positiv beeinflusst werden kann.[167]

3.2 Entwicklung der Eigenkapitalquote

Grundsätzlich kann die Eigenkapitalquote durch positive Erträge und die damit verbundene Möglichkeit der Thesaurierung gefestigt oder sogar verbessert werden. Zwar muss eine steigende Quote nicht zwingend mit der Möglichkeit, Gewinne zu thesaurieren, zusammenhängen. Doch weist das Beteiligungskapital eine zu geringe Bedeutung bei der Finanzierung von KMU auf, um die Entwicklung der Eigenkapitalquoten spürbar beeinflussen zu können. Zusammenfassend ist die EK-Quote bei KMU zwischen den Jahren 2005 und 2010 um 4 Prozent gestiegen. Beachtlich ist, dass durchschnittlich selbst im Krisenjahr 2009 die KMU einen Anstieg der EK-Quote aufweisen konnten. Bei großen mittelständischen Unternehmen fiel der Anstieg am geringstem aus. Im Jahre 2010 konnte bei diesen Unternehmen erstmals ein Rückgang der EK-Quote festgestellt werden.[168]

Die Gesamtentwicklung der EK-Quote von KMU ist Tabelle 4 zu entnehmen.

	2005	2006	2007	2008	2009	2010
bis 9 Beschäftigte	16,1	18,2	17,9	19,8	20,6	21,6
bis 49 Beschäftigte	18,0	20,3	22,5	23,9	24,8	25,5
bis 249 Beschäftigte	27,2	27,5	28,1	29,0	29,4	28,6
gesamt	22,5	23,9	24,6	25,4	26,3	26,6
Anmerkung: Mit der Anzahl der Beschäftigten hochgerechnete und mit der Bilanzsumme gewichtete Mittelwerte der Eigenkapitalquote. Hochrechnungen nur für Unternehmen mit Bilanzierungspflicht und exklusive Einzelunternehmen / Einzelkaufleute.						

Tabelle 4: Durchschnittliche Eigenkapitalquoten im Mittelstand (%)[169]

[167] Vgl. Expertengespräch Sparkasse Trier AöR.

[168] Vgl. hierzu und im Folgenden KfW-Bankengruppe, 2011, S. 36 f.

[169] In Anlehnung an KfW-Bankengruppe, 2011, S. 37.

Grundsätzlich ist festzustellen, dass die durchschnittliche EK-Quote mit der Größe des Unternehmens steigt. Die Unterschiede zwischen den Quoten von kleinen und größeren Betrieben haben sich jedoch reduziert. Darüber hinaus wird ersichtlich, dass sich die größeren Mittelständler einer für sie optimalen Quote von circa 30% nähern. Dass es sich hierbei um eine optimale Quote handelt, wird von Experten bestätigt.[170]

Generell besitzen die durchschnittlichen EK-Quoten von KMU nur eine beschränkte Aussagekraft bezüglich der Situation der einzelnen Unternehmen. Die Erkenntnisse aus einem der Expertengespräche verdeutlichen, dass in der Praxis zahlreiche EK-Quoten bei KMU vorliegen, die entweder einen sehr hohen oder einen sehr niedrigen Eigenfinanzierungsanteil aufweisen. Ein sehr hoher Eigenfinanzierungsanteil deutet u. U. darauf hin, dass Inhaber ihre Kompetenzansprüche nicht an Fremdkapitalgeber abgeben wollen. Weisen KMU eine hohe Fremdkapitalquote auf, ist eine Optimierung der Kapitalstruktur oftmals schwer zu realisieren.[171]

Das ausgewiesene Eigenkapital der Unternehmen in Deutschland ist aus wirtschaftlicher Sicht unterbewertet. Die Gründe dafür liegen in den gesetzliche Regulierungen bzw. in den sich daraus entwickelnden Gestaltungsspielräumen. Diese werden durch Steuerrecht und Bilanzierungsregeln gebildet und bspw. bei der Bildung stiller Reserven genutzt. Ferner können vor allem Personengesellschaften von steuerlichen Anreizen profitieren, indem sie die Vermögensgegenstände dem Privatvermögen zuweisen. Würden diese stillen Reserven mit in die Berechnung einbezogen, ergäben sich höhere EK-Quoten. Insgesamt führen diese Gestaltungsspielräume zu einer Unterschätzung des Haftungskapitals. Schließlich veranschaulicht dieser Sachverhalt, dass sich auch der Ausweis einer niedrigen Eigenkapitalausstattung bei KMU als sinnvoll erweisen kann.[172]

---

[170] Vgl. Expertengespräch, Volksbank Trier eG.

[171] Vgl. Expertengespräch, Sparkasse Trier AöR.

[172] Vgl. Reinemann, 2011, S. 132.

4 Die Bedeutung der klassischen Kreditfinanzierung für KMU

Bei der Finanzierung durch Kredite haben KMU die Möglichkeit, eine Vielzahl von Finanzierungsquellen zu nutzen. Eine aktuelle Verteilung der genutzten Kreditquellen zeigt Abbildung 11:

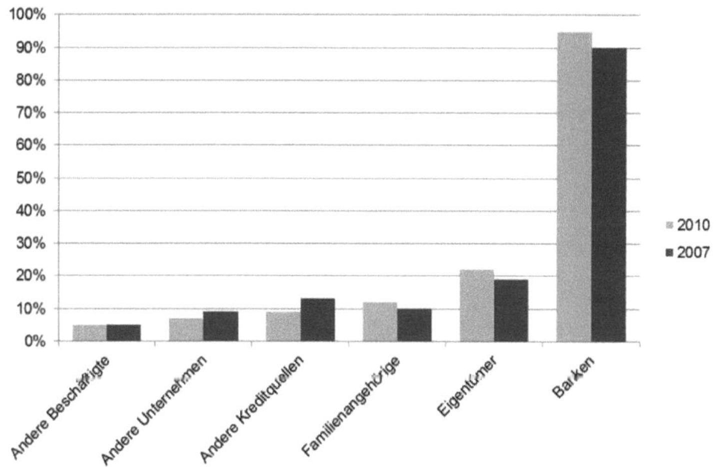

Abbildung 11: Kreditfinanzierungsquellen KMU (%)[173]

Die Darstellung zeigt die dominierende Stellung von Bankkrediten sowie eine Vielzahl alternativer Kreditfinanzierungsquellen. Darauf aufbauend, werden in diesem Kapitel kurz- und langfristige Finanzierungsformen erläutert. Dabei werden im Rahmen der kurzfristigen Finanzierung der Kunden- und Lieferantenkredit sowie der kurzfristige Bankkredit dargelegt. Als langfristige Finanzierungsformen werden das Schuldscheindarlehen, der langfristige Bankkredit, Private Debt und das Gesellschafterdarlehen veranschaulicht.

Um einen Überblick hinsichtlich der Kreditvergabeverfahren zu erhalten, werden anschließend die Einflussfaktoren aufgezeigt, die Kreditinstitute dabei zu einer positiven oder negativen Entscheidung bewegen. Diese Kriterien werden sowohl aus quantitativer als auch aus qualitativer Sicht beschrieben. Da mit der Vergabe von Krediten Risiken entstehen, die Kapitalgeber in ih-

[173] In Anlehnung an Statistisches Bundesamt, 2011, S. 16.

rem Entscheidungsprozess nicht vernachlässigen können, werden überdies Sicherheiten sowie die Rentabilität miteinbezogen. Der Exkurs über den Baseler Akkord II und III zeigt die veränderte Situation für Kreditinstitute auf, die im Zuge dieser Reformen ab 2007 entstanden ist. Darüber hinaus werden die Auswirkungen auf die Kreditvergabesituation in Deutschland dargestellt und in Zusammenhang mit der aktuellen Diskussion über einen erschwerten Zugang zu Krediten gebracht. Den Abschluss dieses Kapitels bildet ein Zwischenfazit, das die bisher aufgeführten Informationen prägnant zusammenfasst.

4.1 Kurzfristige Kreditfinanzierung

Die kurzfristige Fremdfinanzierung setzt sich aus Fremdkapital zusammen, das dem Unternehmen für maximal ein Jahr zur Verfügung gestellt wird. Kurzfristige Bankkredite, Handelskredite und institutionalisierte Kredite können dabei als klassische Finanzierungsinstrumente seitens der Unternehmen genutzt werden.[174] Zudem zählen jegliche Warenkredite als Quelle der kurzfristigen Fremdfinanzierung.[175]

Handelskredite werden nicht von Kreditinstituten, sondern von Geschäftspartnern vergeben. Sie können seitens des Schuldners während der laufenden Geschäftsbeziehung mit Handelspartnern bei der Beschaffung oder dem Absatz von Waren und Dienstleistungen aufgenommen werden. Die Kreditkonditionen werden nicht vorrangig an den zu Grunde liegenden Kosten ausgerichtet, vielmehr spielen Absatz- oder Sicherheitsaspekte eine bedeutende Rolle.[176] Typische Beispiele sind Lieferantenkredite sowie Kundenkredite durch Anzahlungen. Die kurzfristigen Bankkredite setzen sich aus Kontokorrentkrediten, Diskontkrediten, Lombardkrediten, Avalkrediten, Akkreditiven, Rembourskrediten, Negoziierungskrediten sowie Eurokrediten zusammen.[177]

Im Folgenden werden Kundenkredite, Lieferantenkredite sowie kurzfristige Bankkredite näher betrachtet. Diese werden in der betriebswirtschaftlichen

---

[174] Vgl. Perridon/Steiner/Rathgeber, 2009, S. 423 ff.
[175] Vgl. Olfert, 2011, S. 302.
[176] Vgl. Becker, 2010, S. 198.
[177] Vgl. Statistisches Bundesamt, 2011, S. 21.

Praxis von KMU häufig in Anspruch genommen. Auch der kurzfristige Finanzierungseffekt, der sich infolge der Stundung von Steuerschulden durch das Finanzamt bei besonderer Härte ergibt, soll an dieser Stelle der Vollständigkeit halber erwähnt werden.

4.1.1 Kunden- und Lieferantenkredite

Kundenkredite, auch als Abnehmerkredite, Kundenanzahlungen oder Vorauszahlungskredite bezeichnet, haben eine wichtige Funktion in Bezug auf die Finanzierungssituation von KMU. Sie entstehen durch Anzahlungen sowie Teilzahlungen der Käufer an den Verkäufer und kommen oftmals bei der Auftragsproduktion zum Einsatz, bspw. beim Großanlagen- oder beim Schiffsbau. Diese Vorgehensweise führt zu einer Verbesserung der Liquiditätslage des Verkäufers.[178] Außerdem mindert die Bereitstellung eines Kundenkredites das Risiko, dass der Kunde die Ware nicht abnimmt. Branchenübliche Zahlungsbedingungen erschweren jedoch den gezielten Einsatz von Kundenkrediten, da sich nur vereinzelt Regelungen zur Staffelungen des Kaufpreises bzw. ganze Vorauszahlungen in der Praxis gebildet haben.[179]

Lieferantenkredite entstehen auf Grund von Lieferungen und Leistungen, die einem Unternehmen ohne direkte Zahlung des Kaufpreises zur Verfügung gestellt werden. Generell kann dabei zwischen einem freiwilligen und einem erzwungenen Kredit differenziert werden. Ersterer zeichnet sich durch feste Zahlungsvereinbarungen aus, der erzwungene Kredit hingegen wird durch zögerliche Zahlungen sowie Zahlungen in Tranchen hervorgerufen. Für KMU besteht die Gefahr, dass sich verhandlungsstarke Unternehmen durch säumiges Zahlungsverhalten zu Lasten ihrer Lieferanten finanzieren. Für KMU zieht dies Probleme hinsichtlich der eigenen Kapitalausstattung nach. Um dieser Situation entgegenzuwirken, bleibt ihnen als Sicherheit vorwiegend der Eigentumsvorbehalt. Für den Abnehmer ergeben sich im Zuge des Lieferantenkredits Opportunitätskosten, da dieser auf die Möglichkeit des Abzuges eines Zahlungsrabattes (Skonto) verzichtet.

[178] Vgl. Woytt, 2009, S. 17.

[179] Vgl. hierzu und im Folgenden Zantow/Dinauer, 2011, S. 191.

Grundsätzlich wird der Lieferantenkredit gemeinsam mit dem Erwerb von Waren vom Verkäufer an den Käufer vergeben. Dabei hilft er einem Unternehmen, den Zeitraum zwischen Beschaffung und Verkauf der Ware zu überbrücken. Die Kreditierung liegt hier nicht in der Ausgabe von finanziellen Mitteln, sondern in der Stundung des Kaufpreises durch den Verkäufer. Im Nachhinein erfolgt die Tilgung aus dem Erlös des kreditierten Produkts.[180]

Der Lieferantenkredit ist in der betrieblichen Praxis sehr bekannt und beliebt, unter anderem weil er einfach vergeben werden kann. Bevorzugt wird er von mittelständischen Unternehmen und insbesondere kleinen Betrieben genutzt, da Sicherheiten zur Gewährung von Geld- bzw. Kapitalmarktkrediten oftmals nicht ausreichen.[181] In den letzten Jahren ist der Lieferantenkredit zudem vermehrt von mittleren und großen Unternehmen eingesetzt bzw. genutzt worden, sodass er aktuell eine ähnlich hohe Bedeutung wie die kurz- bis mittelfristigen Bankkredite aufweisen kann.[182] Vor allem für Unternehmen des Handels (besonders des Einzelhandels) und des Baugewerbes ist diese Finanzierungsform wichtig, da in diesen Branchen der Warenumschlag so hoch ist, dass Lieferantenkredite die Liquidität der Unternehmen am besten sichern können. Neben diesen Betrieben nutzen besonders junge Unternehmen den Lieferantenkredit als Finanzierungsquelle.[183]

Ein Vorteil des Lieferantenkredits ist die schnelle, bequeme sowie formlose Kreditgewährung, die durch den Verzicht auf systematische Kreditprüfungen gewährleistet werden kann. Ferner werden seitens der Kreditinstitute zumeist unzureichende Kreditlinien gewährt, die schnell ausgeschöpft sind. Die Nichtinanspruchnahme der kurzfristigen Bankkredite durch die Nutzung von Lieferantenkredit kann demnach für Unternehmen mit einer geringen Kapitalausstattung sowie geringen Sicherheiten vorteilhaft sein. Trotz der positiven Eigenschaften weist der Lieferantenkredit auch gewichtige Nachteile auf. Die Höhe der Opportunitätskosten ist durch den Skontoverlust mit mindestens 36 % relativ hoch. Das bedeutet, dass eine Verbilligung der Waren oder

[180] Vgl. Perridon/Steiner/Rathgeber, 2009, S. 423.
[181] Vgl. Perridon/Steiner/Rathgeber, 2009, S. 423.
[182] Vgl. Schneck, 2006, S. 133.
[183] Vgl. Zimmermann/Steinbach, 2011, S. 85 f.

Dienstleistungen nicht in Anspruch genommen werden kann. Da ein kurzfristiger Bankkredit üblicherweise geringere Kapitalkosten verursacht als der Lieferantenkredit, nutzen viele Unternehmen daher eher den Skontoabzug.[184] Die Gesamtbewertung der Finanzierung über Lieferantenkredite soll, basierend auf dem Schulnotensystem, Tabelle 5 entnommen werden.

Finanzierung durch Lieferantenkredite		
Voraussetzungen	**Erfüllung der Anforderungen KMU**	**Note**
	Kosten der Finanzierung	
	Fix	2
	Variabel	5
	Wirkung auf das Eigenkapital	5
• Bonität des Verkäufers • Kauf von Waren, bei denen Eigentumsvorbehalt als Sicherung dienen kann	Liquiditätswirkung	1
	Verfügbarkeit	2
	Informationsanforderungen	2
	Einfluss der Kapitalgeber	1
	Dauer der Kapitalüberlassung	5
	Risikobereitschaft	5
Vorteile	**Nachteile**	
• allgemeine Verfügbarkeit • unkomplizierte und schnelle Inanspruchnahme • flexible Ausgestaltung möglich • kein Einfluss des Kapitalgebers • nur geringe Informationsanforderungen	• hohe variable Kosten • keine Wirkung auf EK-Quote und negative Wirkung auf Lieferantenziel • Finanzierungswirkung nur kurzfristig • Kein Bargeld, nur Waren • Reputationsprobleme bei Lieferanten	
Motive für eine Kapitalerhöhung durch Altgesellschafter		
• schnelle und formlose Vorfinanzierung von Vorprodukten und Rohstoffen • keine Formalitäten der Beantragung eines Bankkredits • Finanzierung der Waren bei mangelnden Kreditvolumen oder fehlenden Sicherheiten • Unabhängigkeit von Banken		

Tabelle 5: Bewertung Lieferantenkredit[185].

[184] Vgl. Olfert, 2011, S. 304 f.; Busse, 2003, S. 406 f.; Diese Thematik wird zudem in Kapitel 4.1.2 veranschaulicht.

[185] In Anlehnung an Müller/Brackschulze/Mayer-Friedrich, 2011, S. 269.

4.1.2 Kurzfristige Bankkredite

Kurzfristige Bankkredite können in Form von Geldkrediten, Kreditleihen oder internationalen Bankkrediten aufgenommen werden. Der Geldkredit kann in Kontokorrent-, Diskont- und Lombardkredit untergliedert werden.[186] Der Kontokorrentkredit stellt die klassische kurzfristige sowie sehr flexible Form der Fremdfinanzierung dar. In der Regel hat er eine Laufzeit von sechs Monaten bis zu einem Jahr. Er kann sich jedoch durch stetige Verlängerungen zu einer langfristigen Kreditfinanzierung entwickeln. Einem Unternehmen wird hier eine Kreditlinie seitens der Bank eingerichtet, die bei Bedarf bis zu der eingeräumten Höhe in Anspruch genommen werden kann. Die Zinsen, auch als Kreditkosten bezeichnet, sind von der Situation auf dem Geldmarkt abhängig, aber auch von den Kreditprovisionen, den Umsatzprovisionen und eventuellen Bearbeitungsgebühren. Angesichts dessen ist der Vergleich von Kapitalkosten verschiedener Kreditinstitute ratsam, jedoch schwierig umzusetzen. Die Gewährung eines Kontokorrentkredits kann teilweise daran gebunden sein, dass der Kreditnehmer dazu angehalten ist, seinen Zahlungsverkehr vorwiegend über das jeweilige Kreditinstitut abzuwickeln. Auf dem Kontokorrentkonto werden die Zahlungseingänge mit den Zahlungsausgängen kontinuierlich verrechnet. Je nach Kontostand werden Soll- und Habenzinsen berechnet und mit der periodischen Abschlussrechnung von dem Konto abgezogen bzw. dem Konto gutgeschrieben. Kontokorrentkredite können entweder besichert oder unbesichert vergeben werden, wobei eine Kreditwürdigkeitsprüfung seitens der Kreditinstitute, unabhängig von evtl. vorhandenen Sicherheiten, durchgeführt wird. Die Kreditüberwachung erfolgt laufend. Es existieren darüber hinaus vielzählige Formen des Kontokorrentkredits, wie der Betriebsmittel-, der Saison-, der Zwischen- sowie der Überziehungskredit.[187] Die Kreditlinie repräsentiert dabei eine potenzielle Liquiditätsreserve, die sich bspw. als Betriebsmittelkredit eignet zur Sicherung des Umsatzprozesses. Auch saisonal erhöhter Kapitalbedarf kann flexibel gedeckt werden. Ein großer Vorteil des Kontokorrentkredits liegt in seiner fle-

---

[186] Vgl. hierzu und im Folgenden Olfert, 2011, S. 307 ff.

[187] Vgl. Becker, 2010, S. 201 f.

xiblen Einsetzbarkeit. Er ist zudem nicht zweckgebunden und steht für jegliche Form von Transaktionen zur Verfügung.[188]

Kurz- und mittelfristige Bankkredite spielen neben der Innenfinanzierung die wichtigste Rolle bei der Finanzierung von KMU. Um Betriebsmittel zu finanzieren sowie das Umlaufvermögen und gleichzeitig die Liquidität zu sichern, werden bevorzugt Bankkredite mit geringer Laufzeit in Anspruch genommen. Branchenspezifische Unterschiede liegen bei der Beurteilung kurzfristiger Bankkredite nicht vor.[189] Der kurzfristige Bankkredit weist bei KMU annähernd eine langfristige Wirkung auf, da die Kreditgewährung laufend erfolgt und die Laufzeit somit stetig verlängert wird.[190]

Beim Vergleich der Kosten zwischen Lieferantenkredit und kurzfristigem Bankkredit wird die Überlegenheit des Bankkredits deutlich. Die Zinsberechnung erfolgt unter Beachtung der Deutschen Zinsmethode (zahlbar nach 30 Tagen/insgesamt 360 Banktage).

Lieferantenkredit	**Kurzfristiger Bankkredit**
Rechnung über 10.000 EUR Zahlbar innerhalb 14 Tagen abzüglich 3% Skonto Zahlbar in 30 Tagen zum Rechnungsbetrag	
Kreditsumme = 9.700 EUR Laufzeit = 14.- 30. Tag = 16 Tage Zins = (10.000 / 9.700 -1) x 100 = 3,09% Zins p. a. = 3,09 % / 16 x 360 = 69,52% Zinsen = 308,98 EUR	Kreditsumme = 9.700 EUR Laufzeit = 14.- 30. Tag = 16 Tage Zins p. a. = 14% Zinsen = 60,35 EUR **Finanzierungsvorteil = 248,60 EUR**

Tabelle 6: Kostenvergleich Lieferanten- und kurzfristiger Bankkredit

[188] Vgl. Perridon/Steiner/Rathgeber, 2009, S. 426.
[189] Vgl. Zimmermann/Steinbach, 2011, S. 83.
[190] Vgl. Olfert, 2011, S. 323.

4.2 Langfristige Kreditfinanzierung

Bei der langfristigen Fremdfinanzierung wird dem Unternehmen Fremdkapital mit einer Laufzeit von über fünf Jahren zur Verfügung gestellt.[191] Wesentliche Formen der langfristigen Fremdfinanzierung finden sich in Abb. 12:

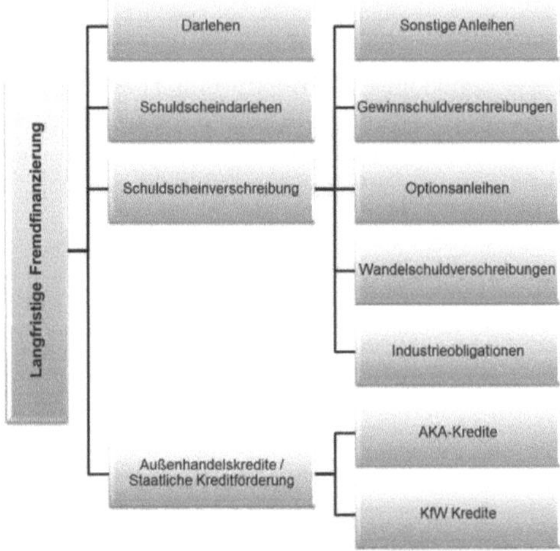

Abbildung 12: Die langfristige Fremdfinanzierung[192]

Die Schuldverschreibung ist die klassische Form der langfristigen Fremdfinanzierung. Instrumente wie Industrieobligationen, Wandelschuldverschreibungen, Optionsanleihen sowie Gewinnschuldverschreibungen können lediglich von emissionsfähigen Unternehmen ausgegeben werden.[193] Infolgedessen wird die Schuldverschreibung als alternative Finanzierungsform für KMU in Kapitel 6.7 kurz erläutert. Die staatliche Kreditförderung durch Sonderkreditinstitute wird in Kapitel 8 gesondert betrachtet. Nachfolgend wird zunächst das Schuldscheindarlehen behandelt, bevor im Anschluss der langfristige Bankkredit, Private Debt sowie das Gesellschaftsdarlehen betrachtet werden.

[191] Vgl. Olfert, 2011, S. 323.
[192] In Anlehnung an Olfert, 2011, S. 323.
[193] Vgl. Perridon/Steiner/Rathgeber, 2009, S. 395 ff.

4.2.1 Schuldscheindarlehen

Bei Schuldscheindarlehen handelt es sich zumeist um langfristige Großdarlehen. Diese werden auf dem nicht organisierten Kapitalmarkt aufgenommen und können auch von Nichtbanken wie Versicherungen oder Pensionskassen vergeben werden.[194] Als Händler und Makler sind vorwiegend Kreditinstitute auf dem Schuldscheinmarkt aktiv. Die Kreditnehmer sind insbesondere öffentliche Haushalte; zusätzlich treten Industrie- und Handelsunternehmen als Darlehensschuldner auf.[195]

Die Basis eines Schuldscheindarlehens bildet der Darlehensvertrag oder der Schuldschein, in dem die individuellen Vertragsbestimmungen festgehalten sind. Die Regelungen betreffen den vereinbarten fixen oder variablen Zins, die Höhe der Auszahlung und Tilgungsbedingungen sowie die Sicherheiten. In der Regel werden hinsichtlich der Tilgung Freijahre gewährt.[196]

Die Finanzierung über Schuldverschreibungen ist eher großen Unternehmen vorbehalten. Daher haben kreditsuchende KMU nur Zugang zum Schuldscheinmarkt. Aus diesem Grund hat das Schuldscheindarlehen in der betrieblichen Praxis von Unternehmen an Bedeutung gewonnen.[197] Mit Laufzeiten von vier bis 15 Jahren sowie Kreditsummen von einer bis zu 100 Millionen EUR handelt es sich hierbei um mittel- bis langfristige Großkredite. Schuldscheindarlehen weisen trotz ihrer geringen Verbreitung vergleichbar niedrige Zinsen wie Anleihen auf. Außerdem entstehen weder Kosten für Emission, Börsenzulassung noch für Veröffentlichung und Kurspflege. Die Darlehen können auf die spezifischen Erfordernisse des Unternehmens angepasst werden und benötigen keine Besicherung.[198] Die Kapitalkosten werden durch Zinsen, Treuhand- bzw. Beurkundungsgebühren sowie die Vermittlungsprovision verursacht.[199]

Für nicht emissionsfähige Unternehmen stellt das Schuldscheindarlehen oftmals den einzigen Weg dar, um langfristiges Fremdkapital in einem größe-

[194] Vgl. Busse, 2003, S. 507.
[195] Vgl. Becker, 2010, S. 215 f.
[196] Vgl. Olfert, 2011, S. 332.
[197] Vgl. Perridon/Steiner/Rathgeber, 2009, S. 411 ff.
[198] Vgl. Becker, 2010, S. 216.
[199] Vgl. Olfert, 2011, S. 333.

ren Ausmaß zu erhalten.[200] Für mittelständische Unternehmen bietet dieses Finanzierungsinstrument zudem eine interessante Alternative, da Kreditinstitute finanzielle Mittel von mindestens 250.000 EUR anbieten. Bei der Geschäftsanbahnung von Schuldscheindarlehen kann es für mittelständische Betriebe jedoch zu Komplikationen kommen, weil nur Schuldner mit hoher Bonität als Kreditnehmer in Erwägung gezogen werden. Das heißt, dass die Bezahlung der vereinbarten Verzinsung sowie die Tilgung gewährleistet sein müssen.[201]

Wichtige Aspekte der Finanzierung durch Schuldscheindarlehen sind Tabelle 7 zu entnehmen.

Finanzierung durch Schuldscheindarlehen		
Voraussetzungen	**Erfüllung der Anforderungen KMU**	**Note**
• Finanzierungsvolumen von mindestens 250.000 EUR • Bonität des Schuldners	Kosten der Finanzierung Fix Variabel	 3 2
	Wirkung auf das Eigenkapital	6
	Liquiditätswirkung	5
	Verfügbarkeit	3
	Informationsanforderungen	3
	Einfluss der Kapitalgeber	2
	Dauer der Kapitalüberlassung	4
	Risikobereitschaft	4

[200] Vgl. Olfert, 2011, S. 333.

[201] Vgl. Becker, 2010, S. 215 f.

Finanzierung durch Schuldscheindarlehen	
Vorteile	**Nachteile**
• Beschaffung großer Summen von Kapital • Kein Einfluss der Kapitalgeber • Keine Offenlegung von Informationen in der Öffentlichkeit • Geringe Fixkosten • Diversifizierung der Kapitalgeberstruktur	• Verschlechterung der Eigenkapitalquote • Liquiditätsbelastung • Nicht zur Finanzierung risikoreicher Projekte
Motive für eine Kapitalerhöhung durch Altgesellschafter	
• Aufnahme größerer Summen von Fremdkapital ohne Gang an den Kapitalmarkt • Diversifizierung der Kapitalgeberstruktur • Kapitalaufnahme, auch wenn Bank Kreditvergabe ablehnt	

Tabelle 7: Bewertung Schuldscheindarlehen[202]

4.2.2 Langfristiger Bankkredit

Einer Vielzahl von KMU bleibt der Schuldscheinmarkt verschlossen, da diese die Bonitätsanforderungen nicht erfüllen.[203] Nach der Innenfinanzierung sowie der Finanzierung durch kurz- bzw. mittelfristige Bankkredite weisen KMU der Finanzierung durch langfristige Bankkredite eine etwas geringere Bedeutung zu. Ausschließlich der Einzelhandel sowie das verarbeitende Gewerbe schätzen diese Form der Finanzierung. Für andere Branchen trifft dies weniger zu. Langfristige Bankkredite dienen überwiegend der Finanzierung von Investitionen sowie der Beschaffung oder Produktion von Waren des Anlagevermögens.[204]

Langfristige Kredite, auch Darlehen genannt, werden als Kredite, dessen Aus- sowie Rückzahlungen zu festgelegten Kreditraten vorgesehen sind, definiert.[205] Dabei kann nach der Art der Tilgung sowie der Art der Zinsformung differenziert werden. Insgesamt existieren drei Arten von Darlehen

[202] In Anlehnung an Müller/Brackschulze/Mayer-Friedrich, 2011, S. 278.
[203] Vgl. Perridon/Steiner/Rathgeber, 2009, S. 415.
[204] Vgl. Zimmermann/Steinbach, 2011, S. 85; Schneck, 2006, S. 126.
[205] Vgl. Zantow/Dinauer, 2011, S. 193.

bzw. Tilgungsformen.[206] Nach den Tilgungsmodalitäten werden das Festdarlehen, das Annuitätendarlehen und das Abzahlungs- oder Ratendarlehen unterschieden. Ersteres zeichnet sich durch eine endfällige Tilgung aus. Beim Annuitätsdarlehen erfolgen hingegen gleichbleibende Kapitaldienstleistungen aus fallenden Zinszahlungen und steigenden Tilgungszahlungen, was eine gleichmäßige Liquiditätsbelastung für den Kreditnehmer zur Folge hat.[207] Die Annuität wird folgendermaßen ermittelt:[208]

Annuität = Barwert • Kapitalwiedergewinnungsfaktor

Als Beispiel eines Annuitätendarlehens soll ein Kredit in Höhe von 100.000 EUR auf sechs Jahre mit einem Zinssatz von 8% p. a. dienen. Das Rateninterval wurde zur besseren Übersicht jährlich bestimmt.

Tilgungsplan

Jahr	Restschuld Jahresanfang	Zinsen	Tilgung	Annuität	Restschuld Jahresende
1	100.000	8.000,00	13.631,54	21.631,54	83.368,46
2	86.368,46	6.909,48	14.722,06	21.631,54	71,646,40
3	71.646,40	5.731,71	15.899,83	21.631,54	55.746,57
4	55.746,57	4.459,73	17.171,80	21.631,54	38.574,77
5	38.574,77	3.085,98	18.545,56	21.631,54	20.029,21
6	20.029,21	1.602,34	20.029,21	21.631,54	0,00
Σ		**29.789,24**	**100.000,00**	**129.789,24**	**0,00**

Tabelle 8: Tilgungsplan eines Annuitätendarlehens

Des Weiteren existieren das sogenannte Abzahlungs- oder Ratendarlehen sowie das endfällige Darlehen. Ersteres wird auch als Tilgungsdarlehen bezeichnet und ist dabei durch eine gleichbleibende Tilgungszahlung und eine

[206] Vgl. Olfert, 2011, S. 326.

[207] Vgl. Zantow/Dinauer, 2011, S. 193 ff.

[208] Vgl. Olfert, 2011, S. 327.

jährlich sinkende Zinszahlung charakterisiert. Beim endfälligen Darlehen ist hingegen die jährliche Zinszahlung konstant, die Tilgungszahlung erfolgt einmalig am Ende der Laufzeit.[209] Darüber hinaus existieren weitere Ausprägungen wie das Forward-Darlehen oder Mischformen, die Fremd- und Eigenkapitalelemente aufweisen.[210] Die Wahl der Tilgungsform kann somit unternehmerischen Beweggründen unterliegen und sollte daher auf die Charakteristika der jeweiligen Tilgungsform abgestimmt werden. Bezüglich der Zinsformung können Festzinsen oder variable Zinsen vereinbart werden. Die Festsetzung eines Zinses erfolgt bei langfristigen Bankkrediten üblicherweise für einen gewissen Teil der Laufzeit eines Darlehens. Die variable Verzinsung ist hingegen an einen Referenzzinssatz, wie den Basiszinssatz, den Spareckzins oder den EURIBOR bzw. LIBOR, gebunden.[211]

Darüber hinaus lassen sich Darlehen nach Größenklassen gliedern. Mittelständische Investitionsfinanzierungen können von ungefähr 1000,- € bis hin zu zweistelligen Millionenbetragen reichen. Große Konsortialdarlehen haben für KMU keinerlei Relevanz [212]

Die Effektivverzinsung ist bei einem Darlehen abhängig vom Nominalzins, dem Disagio, der Laufzeit, den Zahlungsterminen sowie den Tilgungsmodalitäten.[213] Je flexibler die Tilgungsmöglichkeiten für den Kreditnehmer sind, desto höher ist die Wirkung auf die Kapitalkosten des Kredits. Die Kapitalkosten entstehen dabei durch Beurkundungs-, Eintragungs- bzw. Löschungsgebühren sowie Schätz- und Bewertungskosten und sind als Betriebsausgaben von der Einkommensteuer bzw. Körperschaftsteuer abzugsfähig.[214] Kredite, die seit mindestens einem Jahr im Unternehmen bestehen, werden von der Finanzverwaltung als Dauerschulden definiert. Die dafür anfallenden Zinsen werden steuerlich erfasst und zu 50% der Gewerbesteuer zugerechnet. Kurzfristige Kredite erweisen sich diesbezüglich als vorteilhaft, da die anfallenden Beträge keine Komponente des Gewerbeertrages darstellen und er-

[209] Vgl. Zantow/Dinauer, 2011, S. 193 ff.
[210] Vgl. Wirtschaftslexikon Gabler (d), o. J.
[211] Vgl. Olfert, 2011, S. 329 f.
[212] Vgl. Zantow/Dinauer, 2011, S. 205.
[213] Vgl. Becker, 2010, S. 208.
[214] Vgl. Olfert, 2011, S. 326.

werbsteuerfrei sind.[215] Zusammengefasst ergibt sich für den Bankkredit hinsichtlich der Eignung für KMU nachfolgende Beurteilung.

Übersicht Finanzierungsinstrument Bankkredit		
Kosten der Finanzierung	- Fix	3
	- Variabel	2
Wirkung auf das Eigenkapital		6
Liquiditätswirkung		5
Verfügbarkeit		2
Informationsanforderung		3
Einfluss der Kapitalgeber		2
Dauer der Kapitalüberlassung		4
Risikobereitschaft der Kapitalgeber		4

Tabelle 9: Bewertung von Bankkrediten[216]

4.2.3 Private Debt

Unter dem Begriff Private Debt sind finanzielle Mittel zu verstehen, die in Form von Fremdkapital durch institutionelle Investoren an kapitalsuchende Unternehmen vergeben werden. Private Debt Gesellschaften erfüllen dabei Dienstleistungen von der Beratung bei der Ausgabe von Schuldpapieren bis hin zur Unterstützung aller Abwicklungsmaßnahmen einer Emission.[217]

Der Begriff Informal Private Debt ist sowohl wissenschaftlich als auch praktisch nicht weit verbreitet und wird unterschiedlich verwendet.[218] Er beschreibt diverse Finanzierungsinstrumente, die der Mittelstandsfinanzierung zugeordnet werden können. Im weitesten Sinne zählt dazu das Privatdarlehen zwischen Privatpersonen und Unternehmen. Allgemein zeichnet sich das Informal Privat Debt durch kleinvolumige Fremdkapitalfinanzierungen

[215] Vgl. Perridon/Steiner/Rathgeber, 2009, S. 383 f.
[216] In Anlehnung an Müller/Brackschulze/Mayer-Friedrich, 2011, S. 207.
[217] Vgl. Schneck, 2006, S. 127 f.
[218] Vgl. Bizenberger, 2008, S. 13.

zwischen Privatpersonen und Unternehmen aus, die im privaten, nicht organisierten Markt abgewickelt werden.[219] Als Privatpersonen agieren bei Kleinst- und Kleinunternehmen vor allem Familienangehörige oder Freunde („Family & Friends"). Bei Unternehmensgründungen sowie bei der Führung von Kleinst- und Kleinunternehmen können neben Bankkrediten etwaige Darlehen von Bekannten oder Verwandten eine bedeutende Rolle spielen.[220]

4.2.4 Gesellschafterdarlehen

Bei einem Gesellschafterdarlehen wird dem Unternehmen durch die Gesellschafter Kapital zugeführt, das jedoch nicht dem Eigenkapital zugerechnet wird. Bei Personengesellschaften ergeben sich dabei zwischen vollhaftenden Gesellschaftern und dem Unternehmen weder Forderungen noch Schulden. Das Gesellschafterdarlehen gilt demnach als Einlage, die Rückzahlungen als Entnahme. Bei Kapitalgesellschaften sowie Kommanditgesellschaften stellt das Gesellschafterdarlehen ein echtes Darlehen dar, sofern das Haftungskapital seitens des Kommanditisten ganzheitlich eingezahlt ist. [221]

Die Zinszahlungen eines Gesellschafterdarlehens, das nicht als Eigenkapital einem Unternehmen zuteilwerden soll, müssen zur steuerlichen Anerkennung als Betriebsausgaben entsprechend charakterisiert sein. Die Einhaltung dieser Zahlungen wird über die Kapitalrelationen gemäß § 8 a KStG kontrolliert. Aus steuerlicher Sicht kann es demnach für den Gesellschafter einer Kapitalgesellschaft sinnvoll sein, dem Unternehmen anstelle von Eigenkapital weiteres Fremdkapital zur Verfügung zu stellen. Dieses wird steuerlich identisch behandelt wie das Fremdkapital außenstehender Gläubiger. Ein Gesellschafter kann im Insolvenzfall nach § 32 a GmbHG nur dann sein Darlehen nicht als Anspruch geltend machen, wenn er es zu einem Zeitpunkt zugeführt hat, zu dem ordentliche Kaufleute Eigenkapital zugeführt hätten. Um diese Norm einzuhalten, bestehen diverse Finanzierungsregeln sowie Branchendurchschnittswerte. Im Gegensatz zur Beteiligungsfinanzierung hat das Gesellschafterdarlehen den Vorteil, dass die Zinsen auch zu 50% in den

[219] Vgl. hierzu und im Folgenden Achleitner/von Einem/von Schröder, 2004, S. 44 f.
[220] Vgl. KfW-Bankengruppe, 2011(b), S. 47.
[221] Vgl. Olfert, 2011. S. 325.

Gewerbeertrag einbezogen werden.[222] Sie wirken sich daher bei der Gewerbesteuer steuermindernd aus.

Allgemein sind Gesellschafterdarlehen für Unternehmen wichtig. Es ist jedoch festzustellen, dass mit steigender Unternehmensgröße die Bedeutung dieser Finanzierungsquelle abnimmt. Demzufolge haben Gesellschafterdarlehen für KMU eine höhere Relevanz als für Großunternehmen.[223]

4.3 Einflussfaktoren auf die Kreditentscheidung von Banken

Das Kreditgeschäft ist ein essenzielles Tätigkeitsfeld für universell tätige Banken, das etwa 65% bis 75% der Aktivposten ausmacht. Aus diesem Grund sind nachhaltige Kreditentscheidungen für Banken von hoher Relevanz. Die Entscheidung bezüglich eines Kredits beruht auf der Beurteilungen hinsichtlich der Wahrscheinlichkeit, ob ein Kreditnehmer fähig ist, den fälligen Kapitaldienst zu leisten. Das Kreditinstitut überprüft zunächst die Kreditwürdigkeit eines Kreditnehmers auf Grundlage des Kreditantrags. Um die Kreditfähigkeit festzustellen, werden rechtliche Verhältnisse, wie die Geschäftsfähigkeit, der Güterstand des Inhabers eines KMU sowie die Vertretungsbefugnis, bewertet. Zur Risikominimierung müssen von Banken weitere Auskünfte eingeholt werden.[224] Einen Einfluss auf die Kreditentscheidung von Banken haben quantitative und qualitative Faktoren sowie die Profitabilität und die Eigenkapitalrendite.[225] KMU sollten diese Entscheidungskriterien kennen und beachten, um so auf die Kreditentscheidung positiv einwirken zu können.

Um die Beziehung zwischen KMU und Kreditinstituten zu erläutern, ist zunächst eine Betrachtung der Principal-Agency-Theorie notwendig. Diese behandelt die Beziehung zwischen einem Auftraggeber (Principal) und einem Auftragnehmer (Agent). Beide Parteien sind primär darauf bedacht, den eigenen Nutzen zu maximieren, wobei der Nutzen der jeweilig anderen Partei dabei oftmals vernachlässigt wird. Hierdurch kann es zu Konflikten zwischen dem Principal und dem Agenten kommen. Ein entscheidender Aspekt der

---

[222] Vgl. Perridon/Steiner/Rathgeber, 2009, S. 417 f.
[223] Vgl. Zimmermann/Steinbach, 2011, S. 86.
[224] Vgl. Olfert, 2011, S. 280.
[225] Vgl. Zantow/Dinauer, 2011, S. 143.

Principal-Agency-Theorie ist, dass der Auftraggeber den Auftragnehmer nicht ausreichend kontrollieren kann, da dieser einen besseren Informationsstand aufweisen kann. Dies kann beispielsweise einen Unternehmensbeirat betreffen, der die Geschäftsführung kontrollieren und beraten soll. Diese Informationsasymmetrien sollten durch die optimale Gestaltung von Verträgen so gering wie möglich gehalten werden.[226]

Die Principal-Agency-Theorie kann im Finanzbereich vor allem auf individuelle Kreditverträge übertragen werden. Das Kreditinstitut wird dabei als Principal, der Kreditnehmer als Agent verstanden. Der Kreditnehmer ist stets bestrebt, die Gründe, die eine Kreditvergabe unsicher oder gar unmöglich machen könnten, zu eliminieren oder zurückzuhalten. Nach erfolgreicher Kreditvergabe ist eventuell davon auszugehen, dass er die finanziellen Mittel nicht gemäß der Vereinbarung einsetzen möchte und das Kreditinstitut dementsprechend versuchen wird, diese Vorgänge einzuschränken. Darüber hinaus kann der Kreditnehmer die Kreditrückzahlung gefährden, indem er risikoreiche Investitionen tätigt. Ferner ist er tendenziell bestrebt, negative Meldungen während der Kreditlaufzeit zu unterbinden sowie seine eigenen Interessen in den verbleibenden Freiräumen durchsetzen, ohne dabei auf die Anliegen der Kreditgeber zu achten. Der Principal wirkt durch umfangreiche Kreditprüfungen, die Ausgestaltung des Kreditvertrages sowie eine kontinuierliche Kreditüberwachung dieser Situation entgegen.

Quantitative und qualitative Faktoren

Quantitative Faktoren, die einen Einfluss auf die Kreditentscheidungen haben, betreffen die wirtschaftlichen Verhältnisse des Kreditnehmers und können anhand monetärer Faktoren ermittelt werden. Bei KMU werden Jahresabschlüsse durch Kreditinstitute im Zeit- sowie Branchenvergleich analysiert. Innerhalb dieses Vergleichs wird eine Kennzahlenanalyse[227] bezogen auf die Vermögens- und Kapitalstruktur, die Liquiditätslage sowie die Ertragslage erstellt. Ein für diese externe Analyse geeignetes Instrument stellt das Sys-

[226] Vgl. hierzu und im Folgenden Zantow/Dinauer, 2011, S. 143.

[227] Eine Darstellung der betriebswirtschaftlichen Kennzahlenanalyse unter Berücksichtigung mittelständischer Unternehmen bietet Scheld, 2009.

tem von DuPont dar. Ferner kann aus den nach IFRS erstellten Abschlüssen ein Cashflow-Statement abgeleitet werden.[228]

Bei Jahresabschlüssen handelt es sich um vergangenheitsbezogene Darstellungen. Daher müssen insbesondere bei kritischen Kreditentscheidungen zukunftsorientierte Daten, wie aktuelle Buchhaltungszahlen oder Zwischenabschlüsse, vorliegen. Sobald nicht nur juristische, sondern auch Privatpersonen einen Kredit besichern, findet die Kreditprüfung unter Einbeziehung der privaten Vermögens- oder Schuldenaufstellungen dieser Personen statt. Diese Vorgehensweise ergibt sich aus den möglichen Haftungsansprüchen gegenüber Bürgen, die aus der Rechtsform der Kreditsuchenden resultieren. Zur Bestimmung der Kreditfähigkeit von mittelständischen Unternehmen greifen Banken zumeist auf die Bilanz oder bei nicht bilanzierungspflichtigen Betrieben auf die aktuelle Einnahmeüberschussrechnung zurück. Lediglich große Unternehmen reichen eine Handelsbilanz ein.[229]

Die Kreditentscheidung kann nicht nur unter Einbeziehung quantitativer Faktoren getroffen werden. Dies bestätigen auch die befragten Experten.[230] Als qualitative Faktoren werden Kriterien bezeichnet, die sich nicht oder nur teilweise in Zahlen ausdrücken lassen. Diese berücksichtigen die bonitätsrelevanten Eigenschaften eines Unternehmens, wie die Marktsituation, die Qualität des Managements oder existenzgefährdende Risiken. Die Prüfung erfolgt mittels Kontenanalysen, durch Auskünfte Dritter, durch Erläuterungen zum Jahresabschluss sowie durch die Bewertung der Finanzierungsgründe. Die Unternehmensumwelt steht hierbei ebenfalls im Fokus. Ganzheitliche Einblicke in Markt- oder Branchenverhältnisse sowie eine externe Validierung der internen Planungs- und Kontrollsysteme sind hierbei üblich.[231]

Durch die Bewertung der quantitativen und qualitativen Faktoren ergibt sich ein Zwischenergebnis, das die Bonität vor Besicherung zum Ausdruck bringt. Ist dieses Ratingergebnis mangelhaft, kann es durch eine volle werthaltige

[228] Vgl. Olfert, 2011, S. 280 ff.
[229] Vgl. Zantow/Dinauer, 2011, S. 148 f.
[230] Vgl. Expertengespräche Sparkasse Trier AöR und Volksbank Trier eG.
[231] Vgl. hierzu und im Folgenden Zantow/Dinauer, 2011, S. 150 ff.

Besicherung verbessert werden. Eine schlechte Bonität vor Besicherung kann somit durch eine Besicherung „geheilt" werden.

Einbeziehung von Sicherheiten und Rentabilität

In diesem Abschnitt sollen die Kreditrisiken aus Gläubigersicht dargestellt werden. Ein Kapitalgeber geht mit der Kreditzusage Kapital- und Zinsrisiken ein. Die Existenz eines Kapitalrisikos bringt zum Ausdruck, dass das vergebene Kapital von dem jeweiligen Unternehmen eventuell nicht mehr zurückgezahlt werden kann. Dagegen beschreiben etwaige Änderungen des Marktzinses, die nach der Kreditvergabe eintreten, das Zinsrisiko.

Zur Risikoverminderung ist der Kapitalgeber an einer Absicherung durch Risikoteilung, -streuung, -kompensation oder -überwälzung interessiert. Die Gegenleistung kann in Form von Zinsen oder durch das Recht auf Mitbestimmung erfolgen. Das Zinsniveau orientiert sich neben den allgemeinen Marktzinsen auch am Risiko der Kapitalbereitstellung.[232]

Darüber hinaus bilden Sicherheiten eine weitere potenzielle Alternative zur Absicherung des bereitgestellten Kapitals. Zu unterscheiden sind hierbei Personal- und Realsicherheiten sowie akzessorische und fiduziarische Sicherheiten.

Personalsicherheiten sind durch schuldrechtliche, persönliche Ansprüche des Sicherungsnehmers gegenüber dem Sicherungsgeber geprägt und schreiben die Haftung einer dritten Person vor. Hier lassen sich Bürgschaften oder Garantien unterscheiden. Die Realsicherheiten gestehen dem Sicherungsnehmer hingegen sachenrechtliche Ansprüche zu. Allgemein können hier vier Arten der Sicherung unterschieden werden: Die Verpfändung oder Sicherungsübertragung beweglicher Objekte, die Abtretung von Rechten und die Erklärung von Grundstücksrechten. Der Besicherte hat dadurch das Recht, die Gegenstände während eines Insolvenzverfahrens an sich zu nehmen.

Nach der Art der Abhängigkeit von der besicherten Forderung lassen sich akzessorische und fiduziarische Sicherheiten unterscheiden. Eine Akzessori-

[232] Vgl. hierzu und im Folgenden Olfert, 2011, S. 286 ff.

sche Forderung liegt vor, wenn eine Sicherung in ihrer Höhe vom Ausmaß der Hauptschuld abhängig ist. Eine feste Verbindung zwischen der Sicherheit und der besicherten Forderung besteht bei der Bürgschaft, der Verpfändung und der Hypothek.[233] Im Gegensatz dazu bleibt der Anspruch des Sicherungsnehmers bei fiduziarischen Sicherheiten auch nach Wegfall des Kredites bzw. der Forderung bestehen.

Die erwartete Rentabilität eines Kreditgeschäftes besitzt keinen direkten Einfluss auf die Ratingnote; sie wirkt sich jedoch trotzdem auf die Kreditentscheidung der Banken aus. Gelenkt wird die Profitabilität mit Hilfe einer risikoabhängigen Preisstellung. Der Kennzahl risikoadjustierter Eigenkapitalrendite (Risk Adjusted Return on Capital, RARoC) kommt dabei besondere Bedeutung zu, da sie die Rentabilität eines Risiko in Bezug auf das benötigte Eigenkapital aufzeigt.

Dies wird in der abgebildeten Formel ersichtlich. Der Zähler zeigt den absoluten Gewinn auf, der Nenner beziffert das ökonomische Kapital (Eigenkapital), das die Bank halten muss, um das Darlehen zu unterlegen.[234]

$$\text{RARoC} = \frac{\text{Nettoertrag} - \text{erwartete Verluste}}{\text{Ökonomisches Kapital}}$$

4.3.1 Exkurs: Basel I, II und III

Der Baseler Ausschuss für Bankenaufsicht besteht aus Vertretern der Zentralbanken und der Bankenaufsichtsbehörden aller bedeutenden Industrienationen. Dieser verabschiedete im Jahr 2004 neue Eigenkapitalvereinbarungen, welche die Unterlegung von Bankkrediten mit Bankeigenkapital regulieren sollen. Basel II ist die Fortführung des im Jahre 1988 eingeführten internationalen Standards Basel I und verfolgt drei Zielrichtungen: die Weiterentwicklung des Überprüfungsprozesses, eine verstärkte Marktdisziplin durch erweiterte Publizitätsanforderungen der Eigenkapital- und Risikolage und neue Mindestkapitalanforderungen. Das Hauptziel von Basel II ist die

[233] Vgl. Perridon/Steiner/Rathgeber, 2009, S. 386 f.; Zantow/Dinauer, 2011, S. 157 f.
[234] Vgl. Zantow/Dinauer, 2011, S. 157.

Neuausrichtung der Eigenkapitalunterlegung an reellen Bonitätsrisiken. Die Festlegung des unternehmerischen Kreditrisikos erfolgt nach dem Standardansatz durch externe Rating-Agenturen oder den bankinternen Rating Ansatz (IRB-Ansatz). Da externe Ratings aus Kostengründen in aller Regel großen Unternehmen vorbehalten sind, ist in Deutschland der IRB-Ansatz bei der Beurteilung von KMU gebräuchlich. Die neuen Eigenkapitalvereinbarungen bringen für Unternehmen bei der Kreditvergabe angesichts der zu erhebenden Daten und Dokumentationspflichten auch neue Offenlegungsanforderungen mit sich.[235] Basel II zwingt die Banken dazu, bei der Absicherung von bonitätsschwachen Unternehmen mehr Eigenkapital zur Abfederung der Risiken bereitzuhalten. Kreditinstitute reagieren auf diese Entwicklung mit einer Erhöhung der Risikokosten bei schlecht bewerteten Kunden. Im Gegensatz dazu können Kunden mit sehr guter Bonität mit verbesserten Kreditkonditionen rechnen. Folglich müssen Unternehmen eine wertvollere Basis für die Kommunikations- und Informationspolitik mit dem Kreditinstitut aufweisen, um das Ratingergebnis auf Grund einer negativen Wahrnehmung von außen nicht zu verschlechtern.[236]

Im Jahre 2010 veröffentlichte der Baseler Ausschuss für Bankenaufsicht die Regelungen von Basel III. Nach kontinuierlichen Ergänzung wurden im Januar 2013 die finalen Grundsätze publiziert, die sowohl Eigenkapital- als auch Liquiditätsanforderungen betreffen. Zudem wurde in diesem Zuge ein Verschuldungsmaß, das sogenannte Leverage Ratio, sowie Bestimmungen zur Eindämmung potenzieller prozyklischer Effekte der mit einem hohen Risiko behafteten Eigenkapitalanforderungen eingeführt. Das harte Kernkapital muss demnach aktuell bspw. 7% betragen, wobei 4,5% auf das harte Eigenkapital entfallen und 2,5 % auf den sogenannten Capital Conservation Buffer.[237]

4.3.2 Aktuelle Kreditvergabesituation

Viele europäische Banken müssen ihre Eigenkapitalstruktur und Liquiditätsreserven auf Grund der neuen Regelungen überarbeiten. Dieser Umstand

[235] Vgl. Olfert, 2011, S. 283 ff.
[236] Vgl. Zantow/Dinauer, 2011, S. 146.
[237] Vgl. Wirtschaftslexikon Gabler (e), o. J.

könnte Gefahren für KMU in sich bergen, da die Kreditvergabe verschärft wird. Die Folge könnte eine sogenannte Kreditklemme sein. Insbesondere KMU rechnen in Folge von Basel III mit einem erschwerten Zugang zu Krediten bzw. mit schlechteren Konditionen.[238] Von dieser Problematik sind KMU vor allem deshalb betroffen, da diese keine Möglichkeit haben, finanzielle Mittel über den direkten Kapitalmarkt zu generieren.

Bisher haben weder die neuen Regularien durch Basel II und III noch die Folgen der internationalen Finanzkrise in Deutschland zu einer merkbaren Kreditklemme geführt. Auch die seit 2010 anhaltende griechische Schuldenkrise hat keine spürbaren negativen Auswirkungen auf die Kreditvergabe der Banken. Dennoch ist das Kreditneugeschäft mit Unternehmen und Selbstständigen drastisch zurückgegangen. Der Grund hierfür ist jedoch nicht Basel II und III oder die Finanzkrise, sondern ein Einbruch der Kreditnachfrage seitens der KMU. Je nach Größe des Unternehmens liegt die prozentuale Inanspruchnahme gewährter Kreditlinien momentan zwischen 40 und 60 Prozent. Derzeit ist in Deutschland vielmehr von einer Investitionsklemme statt von einer Kreditklemme auszugehen.[239] Das Mittelstandspanel der KfW-Bankengruppe sowie das Mittelstandspanel des BDI bestätigen dieses Bild. Hier zeigt sich, dass es in den Jahren 2009 und 2010 zu einem starken Rückgang des geplanten Kreditbedarfs bei KMU kam.[240] Erst langsam wird derzeit die Investitionszurückhaltung von KMU überwunden.[241]

Gemäß des Bank Lending Surveys der Deutschen Bundesbank haben Kreditinstitute die Richtlinien für Unternehmenskredite an KMU nicht verändert. Jedoch wurden die Margen für Kredite an KMU ausgeweitet.[242]

Eine weitere Studie zeigt allerdings, dass die Finanzierungssituation je nach Unternehmensgröße variiert. Vor allem kleine Unternehmen sind schlechten Bedingungen beim Kreditzugang ausgesetzt. Unternehmen mit einem Umsatz von mindestens 50 Millionen Euro können hingegen eine Verbesserung

[238] Vgl. Commerzbank, 2012, S. 13 f.

[239] Vgl. Commerzbank, 2012, S. 7 f.; Commerzbank, 2011, S. 2; Berghaus, 2012, S. 25 f.; DZ Bank, 2014, S. 15

[240] Vgl. KfW Bankengruppe, 2011, S. 56.

[241] Vgl. Bundesverband der Deutschen Industrie, 2014, S. 25

[242] Vgl. Deutsche Bundesbank, 2014, S. 1.

bei der Kreditaufnahme verzeichnen. Die Hauptgründe dafür stellen die hohen Dokumentationsanforderungen sowie die Veröffentlichungsplichten dar.[243] Die Wahrscheinlichkeit, nach erfolgreicher Bonitätsprüfung einer Kreditrationierung zu unterliegen, ist bei kleineren Unternehmen höher als bei größeren Betrieben. Dies deutet auf strukturelle Nachteile beim Kreditzugang für Klein- und Kleinstunternehmen hin.[244]

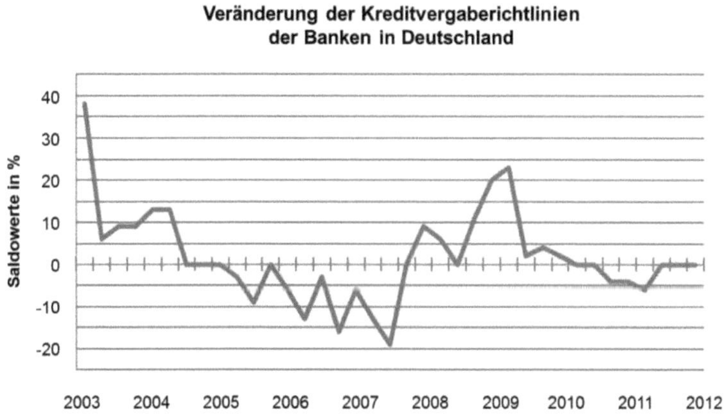

Veränderung der Kreditvergaberichtlinien der Banken in Deutschland

Abbildung 13: Bank Lending Survey zur Kreditvergabe an KMU[245]

4.4 Zwischenfazit

KMU decken ihren derzeitigen Finanzierungsbedarf eher durch die Verwendung von Bankkrediten als durch die Innenfinanzierung ab.[246] In Bezug auf den Einsatz klassischer Finanzierungsformen wird deutlich, dass sowohl kurz- als auch langfristige Instrumente für KMU geeignet sind. Für kleine Betriebe stellen vor allem kurzfristigen Bankkredite, Lieferanten- und Kundenkredite eine attraktive Alternative dar, um die Liquidität des Unternehmens zu sichern. Das Schuldscheindarlehen weist hingegen Merkmale auf, die den

[243] Vgl. Zimmermann/Steinbach, 2011, S. 4.
[244] Vgl. KfW-Bankengruppe, 2011, S. 71.
[245] In Anlehnung an Deutsche Bundesbank, 2012, S. 1.
[246] Vgl. DZ Bank, 2014, S. 15.

Einsatz dieses Instruments auf große mittelständische Unternehmen beschränken.

Sobald der Rahmen der Innen- und der Kreditfinanzierung erschöpft ist, steht Unternehmen eine Vielzahl von alternativen Finanzierungsinstrumenten zur Kapitalbeschaffung zur Verfügung. Hier stellen das Leasing und das Factoring besonders einfache Möglichkeiten der alternativen Finanzierung dar.[247] Nicht nur für etablierte KMU, sondern auch für Start-ups bietet sich durch den Einsatz alternativer Finanzierungsinstrumente die Möglichkeit, die Liquidität und somit den Fortbestand des Unternehmens zu sichern. Die Aufnahme finanzieller Mittel durch Bankkredite kann die erforderliche Liquidität nicht immer vollständig sichern, da Kapital durch Banken oftmals nicht in ausreichender Höhe zur Verfügung gestellt wird.[248]

[247] Vgl. Expertengespräche Sparkasse Trier AöR und Volksbank Trier eG.

[248] Vgl. Wild/Friedrich, 2008, S. 37.

5 Bedeutung alternativer Finanzierungsinstrumente für KMU

In diesem Kapitel wird ein Überblick hinsichtlich der wichtigsten alternativen Finanzierungsinstrumente geboten, die KMU zur Verfügung stehen.

5.1 Finanzierungsleasing

Grundsätzlich umfasst das Leasing die Vermietung oder Verpachtung von Wirtschaftsgütern gegen Entgelt in Form von Leasingraten über einen bestimmten Zeitraum. Die Leasinggeber sind dabei zumeist die Eigentümer des Leasinggutes. Die Begrifflichkeit des Leasings gliedert sich in eine wirtschaftliche und eine finanzwirtschaftliche Seite. Erstere wird auf Grund ihres Teilzahlungs- und Vermietungscharakters als wirtschaftliche Komponente gesehen. Weiterhin stellt das Leasing einen Finanzmittelersatz dar, da es zu einer Erweiterung des Anlage- oder Umlaufvermögens führt, ohne dass monetäre Mittel direkt abfließen.[249]

Es sind verschiedene Formen des Leasings zu unterscheiden. Zunächst kann nach der wirtschaftlichen Stellung des Leasinggebers zwischen direktem und indirektem Leasing unterschieden werden. Des Weiteren wird nach dem Leasinggegenstand zwischen Konsumgüter-, Investitionsgüter- sowie Spezial-Leasing unterschieden. Das Equipment- und Plant-Leasing richtet sich nach der Anzahl der Objekte, das First- und Second-Hand-Leasing bezieht die Anzahl der bisherigen Nutzer ein. Ob ein Cross-Border-Leasing vorliegt, wird durch den Geschäftssitz des Leasingnehmers bestimmt.[250]

Die Grundlage des Leasings bildet ein Vertrag zwischen Leasingnehmer und -geber über ein oder mehrere Leasingobjekte. Bei diesen Verträgen kann nach dem Verpflichtungscharakter zwischen dem Operate-Leasing und dem Finance-Leasing unterschieden werden.

Das Finance-Leasing zeichnet sich durch eine feste mittel- bis langfristige Grundmietzeit aus, in der für beide Parteien kein Kündigungsrecht besteht. Der Leasingnehmer trägt die Wartungs- und Instandhaltungspflichten sowie das Investitionsrisiko. Somit vergibt der Leasinggeber Realkapital, das nicht durch Zinsen, sondern mit Leasingraten abgegolten wird. Diese Raten wer-

[249] Vgl. Becker, 2010, S. 218 f.
[250] Vgl. Busse, 2003, S. 777 ff.

den so kalkuliert, dass die Anschaffungs-, Vertriebs-, Verwaltungs- und Finanzierungskosten sowie die Steuern und der Gewinn zu 100% gedeckt sind. Das Leasingobjekt amortisiert sich aus Sicht des Leasinggebers demnach innerhalb der angesetzten Grundmietzeit.

Das Operate-Leasing basiert hingegen auf kurzfristigen Verträgen, die jederzeit kündbar sind und bei denen die Leasingrate unabhängig von der Laufzeit vereinbart wird. Eingesetzt wird diese Form des Leasings häufig bei Gütern, die lediglich für einen sehr kurzen Zeitraum im Unternehmen gebraucht werden. Diese Zeitspanne ist zudem kürzer als die technische Lebensdauer des Objektes.[251]

Die ursprüngliche Form des Leasings sieht vor, dass der Leasinggeber einen vollen Rückfluss der investierten Mittel innerhalb der Grundmietzeit erreichen kann. Dies beinhaltet den Investitionsbetrag inklusive der Verzinsung sowie die entstandenen Nebenkosten. Die volle Amortisation in der Grundmietzeit wird als Vollamortisations-Leasing bezeichnet. Wird dieses Ziel nicht erreicht, liegt ein Teilamortisations-Leasing vor. In dieser, auch als Non-Full-Payout-Verträge bezeichneten Form erfolgt die Restdeckung durch Wiedervermietung oder durch den Verkauf des Gegenstandes.[252]

Um die Kriterien des Finance-Leasings zu erfüllen, muss der Leasinggeber den vollen Rückfluss des eingesetzten Kapitals stets planmäßig erzielen. Dies kann sowohl durch das Vollamortisations-Leasing als auch durch das Teilamortisations-Leasing erreicht werden. Dementsprechend erfolgt die Amortisation beim Finance-Leasing autonom durch die laufenden Leasingraten oder durch einen zusätzlich zu den Abschlagszahlungen vereinbarten Restwerterlös.

In Bezug auf das Steuerrecht kommt es beim Leasing zum Problem der Zurechnungsfrage. Sobald der Leasinggegenstand einer Partei zugerechnet wird, ist mit Auswirkungen auf die Einkommen-, Körperschaft-, Umsatz- und Gewerbesteuer zu rechnen. Wird das Leasingobjekt aus steuerlicher Sicht dem Leasingnehmer zugerechnet, kommt es zu einem Verlust steuerlicher

[251] Vgl. Becker, 2010, S. 218 f.; Busse, 2003, S. 783.

[252] Vgl. hierzu und im Folgenden Zantow/Dinauer, 2011, S. 334 f.

Vorteile. Aus diesem Grund erfolgt die Zurechnung zumeist zum Vermögen des Leasinggebers.[253] Bei der handelsrechtlichen Bilanzierung sind stets die Zurechnungsformen zu prüfen, die sich aus Buchführung sowie Rechnungslegung ergeben. Im Steuerrecht wird von der wirtschaftliche Zugehörigkeit des Objektes ausgegangen, es muss jedoch geprüft werden, welche Partei der wirtschaftliche Eigentümer ist. Dabei ist das Verhältnis von Grundmietzeit und Nutzungsdauer von zentraler Bedeutung. Der Leasinggeber muss den Gegenstand bilanzieren, wenn die Grundmietzeit die betriebsgewöhnliche Nutzungsdauer von 40% nicht unterschreitet und 90% nicht übersteigt. Sollte dieser Sachverhalt nicht gegeben sein, erfolgt eine Bilanzierung beim Leasingnehmer. Diese Regelungen beziehen sich dabei lediglich auf die Voll- und Teilamortisationsverträge.

Die Vertragsgestaltung ist sowohl beim Voll- als auch beim Teilamortisationsleasing auf Grund der steuerlichen Auswirkungen ausschlaggebend. Trotz des eigenkapitalähnlichen Charakters der Finanzierung aus Sicht des Leasingnehmers soll die bilanzielle Zuordnung des Gegenstandes beim Leasinggeber erfolgen. Hierzu muss das Leasinggut ihm gegenüber eigentümerähnliche Eigenschaften aufweisen. Nach Ablauf der nicht kündbaren Grundmietzeit kann diese Eigenschaft ganz, teilweise oder nicht erreicht werden.[254]

Beim Vollamortisations-Leasing können verschiedene Grundtypen hinsichtlich der Vertragsgestaltung charakterisiert werden. Zu unterscheiden sind Leasing-Verträge ohne Optionsrecht, mit Kaufoption, mit Mietverlängerungsoption sowie das Spezial-Leasing.

Das Optionsrecht bringt zum Ausdruck, dass keinerlei Abmachungen oder Nebenvereinbarungen für die Phase nach Ablauf der Grundmietzeit getroffen wurden. Demnach hat der Leasingnehmer nach Ablauf der Grundmietzeit keinerlei Recht an dem Wirtschaftsgut, obwohl er es wie vereinbart bezahlt hat. Daher ist er oftmals an einer Vertragsverlängerung interessiert.

---

[253] Vgl. hierzu und im Folgenden Busse, 2003, S. 796 ff.
[254] Vgl. Zantow/Dinauer, 2011, S. 334 f.

Bei Leasingverträgen mit Kaufoption hat der Leasingnehmer die Möglichkeit, das jeweilige Wirtschaftsgut nach Ablauf der Grundmietzeit zu erwerben. Die Grundmietzeit ist dabei in der Regel kürzer als die betriebliche Nutzungsdauer und der Kaufpreis liegt zumeist unterhalb der Anschaffungskosten. Sobald der Leasingnehmer die Gelegenheit hat, das Vertragsverhältnis nach Ablauf der Grundmietzeit zu verlängern, spricht man von Leasingverträgen mit Mietverlängerungsoption. Die zu entrichtende Miete beträgt für den Verlängerungszeitraum oftmals nur 5% bis 10% der bisherigen Kosten. Obwohl der Leasingnehmer generell nicht als ökonomischer Eigentümer der Wirtschaftsgüter gilt, ist im Bezug auf die ertragsteuerliche Behandlung ausschlaggebend, um welchen der drei Grundtypen von Leasingverträgen es sich handelt. Beim Spezial-Leasing wird das Leasinggut dem Leasingnehmer zugerechnet, ohne dass das Verhältnis von Grundmietzeit, Nutzungsdauer sowie Optionsklauseln einbezogen wird.[255]

Die Bilanzierung eines Vollamortisations-Leasing-Gutes erfolgt nach den Vorschriften des Bundesfinanzhofes vom 26. Januar 1970.

	Leasinggeber	**Leasingnehmer**
Leasingvertrag ohne Kaufoption	• Grundmietzeit (GMZ) beträgt mindestens 40% und höchstens 90% der betriebsgewöhnlichen Nutzungsdauer (ND) des Leasinggutes.	• GMZ beträgt weniger als 40% oder mehr als 90% der betriebsgewöhnlichen ND des Leasinggutes.
Leasingvertrag mit Kaufoption	• GMZ beträgt mindestens 40% und höchstens 90% der betriebsgewöhnlichen ND. • Der Kaufpreis bei Ausübung der Option entspricht mindestens dem mittels linearer Abschreibung ermittelten Buchwert oder dem niedrigeren gemeinen Wert des Leasinggutes.	• GMZ beträgt weniger als 40% oder mehr als 90% der betriebsgewöhnlichen ND. • Der Kaufpreis bei Optionsausübung ist niedriger als der mittels linearer Abschreibung ermittelte Buchwert oder der niedrigere gemeine Wert des Leasinggutes.

[255] Vgl. Perridon/Steiner/Rathgeber, 2009, S. 455 ff.

	Leasinggeber	Leasingnehmer
Leasingvertrag mit Mietverlängerungsoption	• GMZ beträgt mindestens 40% und höchstens 90% der betriebsgewöhnlichen ND. • Die Anschlussmiete deckt den Wertverzehr des Leasinggutes, der sich auf der Basis des mittels linearer Abschreibung ermittelten Buchwert oder des niedrigeren gemeinen Wertes ergibt.	• GMZ beträgt weniger als 40% oder mehr als 90% der betriebsgewöhnlichen ND • Bei einer GMZ deckt die Anschlussmiete den Werteverzehr des Leasinggegenstandes nicht, der sich auf Basis des mittels linearer Abschreibung ermittelten Buchwertes, des niedrigeren gemeinen Wertes und der Restnutzungsdauer des Leasinggutes ergibt.

Tabelle 10: Bilanzierung beim Vollamortisations-Leasing[256]

Wird ein Leasinggegenstand seitens des Leasinggebers bilanziert, muss dieser ihn mit seinen Anschaffungs- bzw. Herstellkosten aktivieren. Zudem muss die Abschreibung über die betriebswirtschaftliche Nutzungsdauer durchgeführt werden. Die Leasingraten bilden dabei Betriebseinnahmen für den Leasinggeber und Betriebsausgaben für den Leasingnehmer.

Hat Letzterer den Leasinggegenstand zu bilanzieren, so muss er ihn nach den Anschaffungs- bzw. Herstellungskosten aktivieren. Hierbei werden sowohl die Kosten berechnet, die der Berechnung der Leasingraten zugrunde gelegt wurden, als auch die, die nicht in den Leasingraten enthalten, jedoch mit weiteren Anschaffungs- oder Herstellungsaktivitäten verbunden sind. Eine Verbindlichkeit gegenüber dem Leasinggeber ist dabei in Höhe der Anschaffungs- bzw. Herstellungskosten zu passivieren. Hier wird erneut ersichtlich, dass es für den Leasingnehmer sinnvoller ist, wenn die Bilanzierung des Leasinggegenstandes beim Leasinggeber erfolgt.[257]

Wie bereits erörtert, sind die Aufwendungen des Leasinggebers aus den erhaltenen Raten beim Teilamortisations-Leasing zum Ende der Laufzeit nicht vollständig gedeckt. Um die Position des Leasinggebers als Eigentümer zu wahren und um die Kriterien des Finance-Leasings zu erfüllen, wird vertraglich geregelt, dass am Ende der Grundmietzeit weitere Zahlungen zu leisten

[256] In Anlehnung an Olfert, 2011, S. 359.

[257] Vgl. hierzu und im Folgenden Perridon/Steiner/Rathgeber, 2009, S. 460.

sind. Hierbei soll durch eine gesonderte Regelung dem Leasinggeber die Amortisation des Restwertes des Leasinggutes zugesichert werden. Dies kann durch die Veräußerung des Leasingobjektes geschehen. Da der zukünftig zu erzielende Kaufpreis jedoch nicht im Voraus feststeht, muss der Leasingnehmer bestimmte Pflichten erfüllen. Auf diesem Wege kann ein aus Sicht des Leasinggebers angemessener Kaufpreis sichergestellt werden. Der Leasingnehmer muss garantieren, dass der Restwert tatsächlich erzielt werden kann. Hierzu verpflichtet er sich zu einer angemessenen und pfleglichen Verwendung des Leasinggutes.

In der betriebswirtschaftlichen Praxis haben sich insgesamt drei Vertragsmodelle etabliert. Die Verträge sind nach Andienungsrecht des Leasinggebers, nach Aufteilung des Mehrerlöses und der Differenzierungspflichten des Leasingnehmers sowie nach Kündbarkeit zu unterscheiden.

Leasingverträge mit Andienungsrecht zeichnen sich dadurch aus, dass der Leasingnehmer das Leasinggut auf Wunsch des Leasinggebers vorab zu dem im Vertrag festgelegten Preis erwerben muss. Der Leasingnehmer kann dahingegen nicht den Kauf des Leasinggutes verlangen. Somit hat er das Wertminderungsrisiko zu tragen. Der Leasinggeber hat hierdurch die Möglichkeit, an möglichen Wertsteigerungen des Objektes teilzuhaben. Leasingverträge mit Andienungsrecht des Leasinggebers führen zu einer Bilanzierung des Leasinggutes beim Leasinggeber, womit der Leasingnehmer nicht als wirtschaftlicher Eigentümer angesehen wird. Beinhaltet die Vertragsgestaltung die Aufteilung des Mehrerlöses, wird das Leasingobjekt nach Ende der Grundmietzeit vom Leasinggeber veräußert. Sofern dabei der Ertrag geringer ist als der Unterschied zwischen den Gesamtkosten des Leasinggebers und dem vollständigen Betrag der zu entrichteten Raten, hat der Leasingnehmer diese Differenz zu begleichen. Kann ein Betrag erlöst werden, der höher ist als die Restamortisation, wird der erzielte Veräußerungsgewinn zu 75% dem Leasingnehmer und zu 25% dem Leasinggeber zugerechnet. Erhält der Leasinggeber mindestens 25% des Verkaufserlöses, ist er als wirtschaftlicher Eigentümer des Leasinggutes anzusehen. Daraus resultierend, hat er die Pflicht, das Leasinggut zu bilanzieren. Fließen dem Leasinggeber hingegen weniger als 25% zu, ist er nicht mehr an wirtschaftlich wichtigen Wertsteigerungen des Leasinggegenstandes beteiligt. Demnach wird das Leasinggut dem Leasingnehmer zugerechnet.

Die dritte Form der Vertragsgestaltung bezüglich der Teilamortisation stellt der kündbare Mietvertrag mit Anrechnung des Veräußerungserlöses dar. Hierbei kann der Leasingnehmer den Mietvertrag nach dem Ende der Grundmietzeit kündigen. Die Abschlusszahlung des Leasingnehmers muss dabei in Höhe der Differenz zwischen den bereits ausgeführten Zahlungen und den gesamten Kosten des Leasinggebers erfolgen. In der Regel wird der Veräußerungserlös bis zu 90% auf die Abschlusszahlung angerechnet. Der Leasinggeber erhält die Differenz zwischen dem Veräußerungserlös und der vereinbarten Abschlusszahlung. Der Leasingnehmer hat somit das Wertminderungsrisiko zu tragen. Der Leasinggeber partizipiert dagegen an einer möglichen Wertsteigerung des Leasinggutes während der Grundmietzeit. Die Bilanzierung des Leasinggutes erfolgt bei dieser Vertragsform beim Leasinggeber. Grundsätzlich garantieren diese expliziten steuerlichen Vertragsabgrenzungen, dass der Leasinggeber ein Mindestmaß an den faktischen, wirtschaftlichen Eigentümerverhältnissen aufweisen muss.[258] Die Bilanzierungspraxis in der Handelsbilanz wird bei allen Vertragsformen maßgeblich nach den steuerrechtlichen Anordnungen gehandhabt. Unternehmen, die nach den IFRS-Regularien bilanzieren, müssen den International Accounting Standard (IAS) 17 beachten.[259]

Es ist festzuhalten, dass das Leasing zu einer wichtigen Finanzierungsalternative für KMU geworden ist.[260] Dabei wird es besonders als Substitut zum langfristigen Bankkredit genutzt. Zusätzlich hat es eine besondere Bedeutung im Dienstleistungssektor, da Leasinggüter, wie bspw. Fahrzeuge oder Büromaschinen, einen hohen Finanzierungsbedarf aufweisen.[261] KMU haben durch das Leasing die Möglichkeit, Finanzierungen zu realisieren, die durch den Einsatz anderer Finanzierungsinstrumente schwerer zu verwirklichen wären. Grundsätzlich bietet das Leasing finanzschwachen Unternehmen die

[258] Vgl. Zantow/Dinauer, 2011, S. 336.
[259] Vgl. Perridon/Steiner/Rathgeber, 2009, S. 459 ff.
[260] Vgl. Reinemann, 2011, S. 139.
[261] Vgl. Zimmermann/Steinbach, 2011, S. 85.

Möglichkeit, das Anlagevermögen schneller an den technischen Fortschritt anzupassen. Innerhalb des Finance-Leasings wird diese Gelegenheit jedoch durch die unkündbare Grundmietzeit eingeschränkt. Darüber hinaus bilden die hohen Kapitalkosten in Form von Zinsen, die über denen der Bankkredite liegen, sowie Abschlussgebühren, die ca. 5% der Anschaffungskosten betragen, gewichtige Nachteile dieser Finanzierungsform. Weitere Kapitalkosten können sich zudem aus der Verlängerungsmiete bzw. dem Restkaufpreis bei Ausübung einer Kaufoption ergeben. Zudem wird ein eventueller Veräußerungserlös nach Ende der Grundmietzeit dem Leasingnehmer in der Regel nicht zuteil. Ebenso können Verwaltungskosten, kalkulatorische Wagnisse, kalkulatorische Gewinne und eine Vielzahl möglicher Nebenkosten des Leasinggebers die Aufwendungen dieses Instruments erhöhen. Schließlich ist der Leasingnehmer trotz der geleisteten Zahlungen, die oft die eigentlichen Anschaffungskosten übersteigen, nicht der Eigentümer des Leasinggutes.[262]

Wird ein Vergleich zwischen dem Leasing und der Kreditfinanzierung gezogen, wird ersichtlich, dass Kredite Vorteile hinsichtlich des Kostenaufwandes und der Eigentümerstruktur haben. Demnach sollte das Leasing nur in Ausnahmefällen, bspw. bei einer hohen Steuerbelastung, der Kreditfinanzierung vorgezogen werden. Allerdings minimiert das Leasing die Folgekosten, da Leasinggesellschaften ergänzende Dienstleistungen, wie die kontinuierliche Wartung geleaster Maschinen oder die Übernahme des IT-Managements, anbieten.[263]

Der Direktkauf ist bei der Beurteilung des Leasings gesondert zu betrachten. Die Entscheidung zwischen Kauf oder Leasing ist dabei unter Beachtung des zu erwartenden Gewinnes, der Steuer- sowie Vermögenspolitik zu treffen.[264] Die nachfolgende Tabelle fasst die Bewertung der Finanzierung mittels Leasing zusammen.

---

[262] Vgl. Olfert, 2011, S. 360

[263] Vgl. Perridon/Steiner/Rathgeber, 2009, S. 462 f.

[264] Vgl. Schneck, 2006, S. 202 ff.

Finanzierung durch Leasing		
Voraussetzungen	**Erfüllung der Anforderungen KMU**	**Note**
• Ausreichende Bonität	Kosten der Finanzierung Fix Variabel	 2 2
Akquirierung möglicher Kapitalgeber	Wirkung auf das Eigenkapital	4
• Hersteller des Gegenstandes • Professionelle Leasinggesellschaften • Private Kapitalgeber oder Gesellschaften (für sale and lease back-Geschäfte)	Liquiditätswirkung	5
	Verfügbarkeit	1
	Informationsanforderungen	2
	Einfluss der Kapitalgeber	1
	Dauer der Kapitalüberlassung	5
	Risikobereitschaft	5
Vorteile	**Nachteile**	
• Keine Mitspracherechte im Unternehmen • (teilweise) Überwälzung des Investitionsrisikos auf Leasinggeber • bessere EK-Quote und Rentabilität • hohe Verfügbarkeit • niedrige Informationsanforderungen • Unabhängigkeit von Banken	• Liquiditätsbelastung • Kein flexibler Einsatz (während der Grundmietzeit an Gegenstand gebunden) • Gegenstand kann nicht als Sicherheit bei Bankkrediten genutzt werden • Eingeschränkte Dauer der Überlassung	

Finanzierung durch Leasing
Motive für das Leasing
• Unternehmen möchte Investitionsrisiko nicht tragen • Bilanz soll nicht verlängert werden, damit Kennzahlen sich nicht verschlechtern • Fehlende Finanzierungsmöglichkeiten (z. B. keine Sicherheiten, Rating schlecht) • Eventuell kostengünstiger als Kreditkauf • Möglichkeit von Finanzierung, Bereitstellung und Wartung aus einer Hand

Tabelle 11: Bewertung Leasing[265]

5.2 Factoring und Asset-Backed-Securities

In den letzten Jahren zeigte sich, dass Finanzierungsinstrumente zur Bereinigung der Bilanzstruktur bevorzugt eingesetzt werden. In diesem Zusammenhang stellen das Factoring und die Finanzierung über Asset-Backed-Securities wichtige Instrumente dar.[266] Dabei kommt es in beiden Fällen infolge von Forderungsverkäufen zu einem Aktivtausch und weiterhin zu einer Schuldentilgung bzw. einer Investition. Die Schuldentilgung im zweiten Schritt hat dabei einen positiven Effekt auf die Bilanz und damit auch auf die EK-Quote des jeweiligen Unternehmens.[267]

Das Factoring stellt ein langfristiges Vertragsverhältnis dar, das auf einer fortwährenden Veräußerung von Forderungen, die durch Warenlieferungen und Leistungen entstehen, basiert. Die Abtretung der Forderungen an den Vertragspartner bewirkt eine Vermögensumschichtung in der Bilanz. Diese abgetretenen Lieferungen und Leistungen sind kurzfristige Forderungen, die eine Höchstlaufzeit von 90 bis 120 Tagen nicht überschreiten. Innerhalb eines vereinbarten Rahmens zieht ein darauf spezialisiertes Unternehmen, auch Factor genannt, die Forderungen für ein Unternehmen ein. Je nach Vertrag kann auch die gesamte Verkaufsabwicklung durch den Factor durch-

[265] In Anlehnung an Müller/Brackschulze/Mayer-Friedrich, 2011, S. 258.
[266] Vgl. Reinemann, 2011, S. 141.
[267] Vgl. Zimmermann/Steinbach, 2011, S. 83.

geführt werden.[268] An jedem Factoringgeschäft sind der Factor, der Kunde des Factors sowie der Debitor, also der Abnehmer der Ware, beteiligt.[269]

Grundsätzlich kann zwischen dem echten und dem unechten Factoring unterschieden werden. Während sich Ersteres durch einen kompletten Leistungsumfang in Form einer Dienstleistungsfunktion, einer Delkrederefunktion sowie einer Finanzierungsfunktion auszeichnet, ist beim unechten Factoring die Delkrederefunktion, welche die Übernahme des Bonitätsrisikos regelt, nicht enthalten. Sollte der Factor eine Übernahme des Bonitätsrisikos vertraglich zusichern, übernimmt er das Wagnis einer eventuellen Zahlungsunfähigkeit des Abnehmers der Waren oder der Dienstleistung. Verträge können demnach mit oder ohne Übernahme des Risikos und eventuell unter der Voraussetzung einer Bevorschussung (Finanzierungsfunktion) aufgesetzt werden. Je nach Gestaltung fallen Gebühren für das sich finanzierende Unternehmen an. Die Aufwendungen für die Delkrederefunktion sind besonders von der Risikostruktur der Forderungen abhängig. Des Weiteren können Factoringkunden Dienstleistungen, wie die Debitorenbuchhaltung, das Mahnwesen, die Fakturierung und das Rechnungsinkassos, in Anspruch nehmen. Die entsprechende Dienstleistungsfunktion wird vom Factor berechnet. Die Höhe dieser Kosten kann dabei unter anderem vom Durchschnittsbetrag und der Anzahl der Rechnungen sowie der Laufzeit der Forderungen abhängen. Die Delkrederefunktion zieht Kapitalkosten in Höhe von 0,2% bis 1,2% des Umsatzes nach sich. Bezüglich der Finanzierungsfunktion fallen Kosten für die Bevorschussung der Forderungen in Höhe des Kontokorrentkredites an.[270]

Weiterhin kann zwischen notifiziertem und nicht notifiziertem Factoring unterschieden werden. Teilt ein Unternehmen seinen Schuldnern mit, dass sie die Zahlungen an den Factor leisten können, werden die Forderungen notifiziert abgetreten. Die wohl bekanntesten Beispiele hierfür ist das Factoring, das Unternehmen wie die PVS-MEFA Reiss GmbH für Ärzte, Therapeuten, Kliniken oder Pflegedienste anbietet. Der Privatpatient muss hier schriftlich

---

[268] Vgl. Zantow/Dinauer, 2011, S. 313.; Busse, 2003, S. 768.

[269] Vgl. Schneck, 2006, S. 177.

[270] Vgl. Olfert, 2011, S. 350 ff.

bestätigen, dass er dem Factoring zustimmt. Diese Vorgehensweise zeichnet das notifizierte Factoring aus. Das nicht notifizierte Factoring stellt hingegen eine sogenannte stille Zession dar. Hierbei wird die Mitteilung über die Abtretung der Forderungen nicht vollzogen. Die Kunden können hier weiterhin Zahlungen mit befreiender Wirkung an das Unternehmen leisten.[271]

Beim Factoring können sowohl Forderungen gegen Unternehmen als auch gegen private Personen verkauft werden. Für Unternehmen eignet sich das Factoring besonders dann, wenn der Abnehmerkreis sowie die Forderungen konstant und selten nachträglich zu korrigieren sind.[272] Unterschiedliche Anbieter haben sich auf KMU spezialisiert, sodass auch Forderungen von Unternehmen mit einem Jahresumsatz ab 50.000 Euro übernommen werden können. Idealerweise ist der Factoringkunde demnach ein mittelständisches Unternehmen aus der Industrie, dem Großhandel oder dem Dienstleistungssektor, dessen Umsatz- sowie Gewinnzahlen stetig steigen.[273]

Generell kann festgehalten werden, dass mit wachsenden Rechnungsbeträgen eines Unternehmens auch die Eignung für das Factoring steigt. Nutzt ein Unternehmen die zusätzlich gewonnenen liquiden Mittel aus dem Forderungsverkauf zur Tilgung von Fremdkapital, kommt es auf Grund der Reduktion des Verschuldungsgrades bei konstantem Eigenkapital, zu einer Bilanzverkürzung. Nutzt das Unternehmen diese Möglichkeit nicht, kommt es hingegen zu einem Aktivtausch. [274]

Das Factoring hat in den letzten Jahren generell an Bedeutung gewonnen. Es wird aber nach wie vor vor allem von Großunternehmen mit einem Jahresumsatz von über 50 Millionen Euro genutzt. KMU setzen das Factoring verstärkt ein, um klassische Finanzierungsinstrumente zu umgehen.[275] Die Vorteile des Factorings liegen für KMU besonders in der Ausnutzung des Skontos gegenüber Lieferanten und der Kapitalfreisetzung durch die Reduktion von Forderungen. Außerdem können Kostenersparnisse durch die ex-

[271] Vgl. Zimmermann/Steinbach, 2011, S. 83.

[272] Vgl. Zantow/Dinauer, 2011, S. 313.

[273] Vgl. Schneck, 2006, S. 179 ff.

[274] Vgl. Schneck, 2006, S. 179 ff.

[275] Vgl. Zimmermann/Steinbach, 2011, S. 83.

terne Debitorenbuchhaltung, Kreditprüfung und das Mahnwesen realisiert werden. Zusätzlich können Verluste aus Insolvenzen vermieden und die Bilanzstruktur mit Hilfe des Forderungs- und Verbindlichkeitsabbaus verbessert werden.

Das Factoring kann unter dem Aspekt der Kostenersparnis für mittelständische Unternehmen eine sinnvolle Form der Finanzierung darstellen. Zu beachten ist dabei, dass der Factor eine kostengünstigere Abwicklung der Debitorenbuchhaltung anbieten muss, als es durch das Unternehmen selbst bewerkstelligt werden kann.[276]

Grundsätzlich haben KMU die Möglichkeit, liquide Mittel durch das Factoring sowie durch kurzfristige Bankkredite zu erhalten. Bei beiden Finanzierungsformen können Unternehmen die liquiden Mittel für die Bezahlung der Lieferanten verwenden und die angebotenen Skonti nutzen. Der Vorteil des Factorings im Vergleich zum Kontokorrentkredit liegt für KMU im höheren Finanzierungsvolumen, da kein festes Gesamtlimit besteht. Steigen Umsätze und Forderungen, wächst auch das potenzielle Factoring-Volumen. Als Nachteil kann die fehlende persönliche Nähe zum Kunden aufgeführt werden, die besonders für KMU wichtig ist. Relevante Beziehungen können durch undifferenziert versendete Mahnungen und unflexible Vorgehensweisen gefährdet werden.[277] Aus diesem Grund nutzen insbesondere kleine und mittelständische Unternehmen das stille Factoring, bei dem der Factor nicht offen gegenüber den Schuldnern auftritt. Hierdurch soll die enge Kundenbeziehung unbeeinträchtigt bleiben.[278] Die Befürchtung, dass Kunden den Forderungsverkauf als Notfallmaßnahme interpretieren könnten, hindert KMU oftmals daran, Factoring als alternatives Finanzierungsinstrument zu nutzen.[279] Als Alternative für diese KMU bietet sich das gerade beschriebene stille Factoring an.

Die Grenzen des Factorings sind neben dem aufzubringenden Mindestvolumen etwaige vertraglich festgelegte Abtretungsverbote von Forderungen ge-

[276] Vgl. Perridon/Steiner/Rathgeber, 2009, S. 443 f.
[277] Vgl. Becker, 2010, S. 258 f.
[278] Vgl. Reinemann, 2011, S. 142.
[279] Vgl. Zantow/Dinauer, 2011, S. 317.

gen Großabnehmer.[280] Insgesamt erweist sich das Factoring für KMU als nützlich, da bei diesen oftmals hohe Forderungsbestände erkennbar sind und das Debitorenmanagement oft mangelhaft entwickelt ist. Es sollten jedoch meist nur Mittelständler mit einem Jahresumsatz von mindestens zwei Millionen Euro auf dieses Finanzierungsinstrument zurückgreifen.[281] Eine Ausnahme diesbezüglich bilden Arztpraxen.

Die Gesamtbewertung der Finanzierung durch das Factoring kann nachfolgender Tabelle entnommen werden. Eine Darstellung möglicher Factoringangebote ist aus Anhang VII ersichtlich. Hierbei werden Kapitalkosten des Factorings verdeutlicht.

<table>
<tr><th colspan="3">Finanzierung durch Factoring</th></tr>
<tr><th>Voraussetzungen</th><th>Erfüllung der Anforderungen KMU</th><th>Note</th></tr>
<tr><td rowspan="8"><ul><li>Wiederkehrende unstrittige Forderungen aus Lieferung und Leistung an verschiedene Unternehmen</li><li>Gute Bonität der Schuldner der Forderung</li><li>Mindestumsatz (je nach Anbieter)</li></ul></td><td>Kosten der Finanzierung
Fix
Variabel</td><td>
1
4</td></tr>
<tr><td>Wirkung auf das Eigenkapital</td><td>4</td></tr>
<tr><td>Liquiditätswirkung</td><td>1</td></tr>
<tr><td>Verfügbarkeit</td><td>2</td></tr>
<tr><td>Informationsanforderungen</td><td>1</td></tr>
<tr><td>Einfluss der Kapitalgeber</td><td>1</td></tr>
<tr><td>Dauer der Kapitalüberlassung</td><td>4</td></tr>
<tr><td>Risikobereitschaft</td><td>5</td></tr>
<tr><th>Vorteile</th><th colspan="2">Nachteile</th></tr>
<tr><td><ul><li>Verbesserung der Liquidität</li><li>Eliminierung des Ausfallrisikos (bei Delkrederefunktion)</li><li>Verbesserung von Bilanzkennzahlen</li><li>Keine Preisgabe interner Informationen</li><li>Kein Einfluss der Kapitalgeber</li></ul></td><td colspan="2"><ul><li>Hohe Kosten der Kapitalüberlassung</li><li>Keine Eigenkapitalerhöhung</li><li>Nur kurzfristige Finanzierungen</li><li>Kapitalgeber beteiligen sich nicht am allgemeinen Unternehmensrisiko</li></ul></td></tr>
</table>

[280] Vgl. Schneck, 2006, S. 181.

[281] Vgl. Reinemann, 2011, S. 141 f.

Finanzierung durch Factoring
Motive für das Factoring
• Verbesserung der Liquidität • Verbesserung der Kennzahlen und damit gegebenenfalls des Ratings • Überwälzung des Risikos von Zahlungsausfällen und verspäteter Zahlungen auf Factor • Evtl. Professionalisierung des Debitorenmanagements durch Verlagerung auf Factor

Tabelle 12: Bewertung Factoring[282]

Eine weitere alternative Finanzierungsoption stellen Asset-Backed-Securities (ABS) dar. Der sogenannte Originator veräußert hierbei seine Forderungen an eine Zweckgesellschaft, die von einem sogenannten Sponsor gegründet wurde. Diese Zweckgesellschaft verbrieft die Forderungen und emittiert sie als ABS über eine Kreditgesellschaft. Die verbrieften Forderungen werden dabei durch eine Vielzahl ähnlicher Forderungen (asset) aus einem sogenannten Pool ergänzt (backed). Asset-Backed-Securities können sowohl handelbare Wertpapiere als auch Schuldscheindarlehen sein. Diese werden auf die gegründete Zweckgesellschaft übertragen und dienen nun dem Inhaber als Haftungsmasse. Der Zins- sowie Tilgungskapitaldienst, der durch die Wertpapiere anfällt, wird durch den Cashflow der Forderungen geleistet. Die Dekonsolidierung der Zweckgesellschaft hat dabei positive Auswirkungen auf die Bilanzstruktur sowie die Liquiditätseffekte.[283]

Innerhalb der ABS sind die sogenannten True Sale-Transaktionen weit verbreitet. Hierbei erscheint die eigentliche Forderung nicht mehr in der Bilanz des veräußernden Unternehmens. Zudem wird der gezahlte Kaufbetrag durch die Emission von Schuldverschreibungen am Kapitalmarkt refinanziert. Der Basiswert bei ABS-Transaktionen – das Underlying – sollte stets einen ermittelbaren Cash-Flow generieren. Daher eignet sich die Verbriefung von Forderungen aus Lieferungen und Leistungen insbesondere für große Unternehmen aus dem Mittelstand, da dort meist ein erhebliches Forderungsvolumen vorhanden ist und somit freigesetzt werden kann.

[282] In Anlehnung an Müller/Brackschulze/Mayer-Friedrich, 2011, S. 263.
[283] Vgl. hierzu und im Folgenden Busse, 2003, S. 582; Reinemann, 2011, S. 142.

Im Allgemeinen sind für mittelständische Unternehmen ABS-Strukturen mit einem konstanten Forderungsvolumen von mindestens fünf Millionen Euro geeignet. Aus diesem Grund scheint diese Alternative der Finanzierung für eine Vielzahl der KMU ungeeignet. Allerdings bieten Multi-Seller-Programme diesen KMU die Möglichkeit, ABS-Strukturen zu nutzen. Externe Dienstleister bündeln und arrangieren hierbei die Platzierung von ABS-Transaktionen im Auftrag von KMU, indem sie die Organisation sowie Durchführung der Geschäfte übernehmen.[284] Zudem können KMU durch die Multi-Seller-Programme ABS-Transaktionen durchführen, ohne eigene Anleihen am Kapitalmarkt zu platzieren. Sie tragen somit nicht die Folgen der Informationspflicht und die hohen Fixkosten. Dies kann durch die Mitwirkung von Kreditinstituten vollzogen werden, die auf eigene Rechnung eine ABS-Transaktion durchführen und diverse Kredite gebündelt und verbrieft am Kapitalmarkt platzieren.[285] Anbieter wie die KfW oder die Landesbank Baden-Württemberg bieten diese speziellen Mittelstands-ABS-Lösungen an. Die ABS-Lösung der Landesbank Baden-Württemberg – ABS Kompakt – bietet mittelständischen Unternehmen Verbriefungsmöglichkeiten ab einem laufendem Forderungsvolumen von ca. 20 Millionen EUR an.[286]

Auf Grund der Minderung der Einmalkosten für KMU durch die Bündelung von ABS-Transaktionskosten wird der Nutzen dieser Finanzierung verstärkt. Da es sich um einen revolvierenden Kredit handelt, kann in unterschiedlicher Höhe zurückgezahlt und erneut geliehen werden.

ABS können bei großen mittelständischen Unternehmen eine wertvolle Finanzierungsquelle darstellen. Der Vorteil dieses Instruments liegt darin, dass die eventuell schlechte Eigenbonität eines konkreten Mittelständlers von der ausgezeichneten Kreditwürdigkeit der Forderungsschuldner getrennt behandelt wird. Durch die mit den ABS verbundenen Forderungsvolumina können zudem die hohe Kapitalbindung in Bilanzen abgebaut und die Verbindlichkeiten durch Liquiditätszuschüsse getilgt werden. Unternehmen, die ein überdurchschnittliches Wachstum aufweisen und somit ein steigendes Forde-

[284] Vgl. Schneck, 2006, S. 323 f.
[285] Vgl. Müller/Brackschulze/Mayer-Friedrich, 2011, S. 275.
[286] Vgl. Landesbank Baden-Württemberg, 2014.

rungsvolumen aufzeigen, werden auf diesem Wege in ihrer Wirtschaftlichkeit unterstützt. Über die vorstehend genannten Aspekte hinaus weist die ABS-Finanzierung ähnliche Vorteile auf wie das Factoring.[287]

Die Kosten für ABS-Transaktionen lassen sich zunächst in Aufwendungen für Finanzierung, Service sowie Kreditversicherung gliedern. Weiterhin bestehen sie aus vorab zu leistenden Aufwendungen für das Rating, die Due-Diligence, die EDV-Anbindung und die jährlichen finanziellen Aufwendungen für die Kontrolle und Beaufsichtigung der Debitoren. Diese Aufwendungen können durch Multiseller-Transaktionen, bspw. das ABS Kompakt der Landesbank Baden-Württemberg, reduziert werden. Dennoch ist die Belastung durch die Kapitalkosten für mittelständische Unternehmen hoch.[288]

Zusammenfassend können die Verbesserung der Kapital- und Vermögensstruktur sowie der Liquidität durch die Freisetzung von Kapital als positive Eigenschaften der ABS-Transaktionen genannt werden. Ferner existieren auf Grund der separaten Bonitätseinschätzung für den verbrieften Forderungspool keinerlei Ausfallrisiken für KMU. Zusätzlich besteht durch die barwertige Abrechnung kein Zinsänderungsrisiko. Für kleine Unternehmen ist dieses Finanzierungsinstrument dennoch nicht zu empfehlen, da die Größenordnung der Kapitalforderung ab mindestens 5 Millionen EUR bei geeignetem Pooling beginnt und bis zu 30 Millionen EUR betragen kann.[289]

5.3 Beteiligungskapital

Die Aufnahme von Beteiligungskapital zeichnet sich durch den Einsatz externer Eigenkapitalgeber aus. Dadurch wird in der Regel massiv in die Finanzierungsstruktur eines Unternehmens eingegriffen.[290] Nachfolgend werden exemplarisch die Möglichkeiten, die sich durch Beteiligungskapital für Einzelunternehmungen, OHG, KG sowie GmbH ergeben, dargestellt. Für KMU mit diesen Rechtsformen kann die Einbindung externer Eigenkapitalgeber problematisch sein, da diese keinen direkten Zugang zum Kapitalmarkt haben. Die stille Gesellschaft wird gesondert in Kapitel 5.4 behandelt.

[287] Vgl. Portisch, 2008, S.155 ff.
[288] Vgl. Schneck, 2006, S. 341 ff.
[289] Vgl. Fischl, 2011, S. 24.
[290] Vgl. Reinemann, 2011, S. 148.

Im weiteren Verlauf wird zudem die Beteiligungsmöglichkeit über Private Equity näher erläutert.

5.3.1 Aufnahme neuer Gesellschafter

Neue Gesellschafter können in Form von Privatpersonen oder institutionellen Investoren in das Unternehmen eintreten. Dieser Abschnitt behandelt mehrheitlich die Aufnahme von Privatpersonen, die sich mit einem größeren finanziellen Betrag am Unternehmen beteiligen und als Gesellschafter aktiv an Unternehmensprozessen teilnehmen möchten.

Generell gestaltet sich die Suche nach geeigneten neuen Gesellschaftern bei KMU schwierig. Dies basiert auf den umfassenden Informationsbedürfnissen potenzieller Gesellschafter und dem erheblichem Zeit- und Finanzaufwand, der mit dem Ausstieg aus einem nicht börsennotierten Unternehmen verbunden ist. Demnach gilt es, vor dem Einstieg eines Gesellschafters genau zu prüfen, ob dieser zielführend ist. Dies gilt sowohl für den oder die Altgesellschafter als auch für den Kapitalgeber.

Damit ein KMU realistische Chancen hat, neue Gesellschafter zu gewinnen, sollten bestehende Informationsasymmetrien abgebaut werden. In aller Regel wird ein Kapitalgeber erst dann sein Eigenkapital einsetzen, wenn ein klares Bild vom betreffenden Unternehmen besteht. Neue Gesellschafter können beispielsweise innerhalb der Familie, innerhalb der Mitarbeiter oder bei Geschäftspartnern rekrutiert werden.[291]

Die Rechtsform eines Unternehmens hat einen großen Einfluss auf die möglichen Beteiligungsformen. Die aus der Beteiligung resultierenden Rechtsfolgen für die Gesellschafter sind durch gesetzliche Regelungen festgelegt. Diese regeln auch die jeweiligen steuerlichen Auswirkungen (siehe Kapitel 2.3.1).[292]

Eine zentrale Prüfungsfrage der Beteiligungsfinanzierung bei Einzelunternehmen (Rechtsgrundlage: §§ 1-104 HGB) bildet die Beschaffung von Eigenkapital, da dieses auf das Privatvermögen des Unternehmers begrenzt ist. Der Inhaber eines Einzelunternehmens hat die Möglichkeit, dem Unter-

---

[291] Vgl. Müller/Brackschulze/Mayer-Friedrich, 2011, S. 213 f.

[292] Vgl. Perridon/Steiner/Rathgeber, 2009, S. 360.

nehmen jederzeit finanzielle Mittel zur Verfügung zu stellen oder zu entziehen. Angesichts der Tatsache, dass das gesamte Vermögen als Sicherheits- und Bonitätsfaktor anzusehen ist, resultieren hieraus zusätzliche Schwierigkeiten bei der Aufnahme von Fremdkapital.[293] Als Beteiligungsmöglichkeit besteht – unter der Voraussetzung, dass die Rechtsform beibehalten wird – lediglich die Möglichkeit der Aufnahme eines stillen Gesellschafters.[294]

Die Aufnahme neuer Gesellschafter ist bei der OHG (Rechtsgrundlage: §§ 105-160 HGB, ergänzend §§ 705-740 BGB) im Gegensatz zur Einzelunternehmung unter Beibehaltung der Rechtsform möglich. Eine Beteiligungsfinanzierung kann zunächst durch eine Einlagenerhöhung seitens der bisherigen Gesellschafter erfolgen. Darüber hinaus besteht die Möglichkeit, dem Unternehmen finanzielle Mittel durch neue Gesellschafter zuzuführen. Die neuen Gesellschafter erhalten jedoch ein Recht auf Teilnahme an der Geschäftsführung. Außerdem steht die Anzahl von neuen Gesellschaftern in Konflikt mit den Leitungsbefugnissen jedes einzelnen Gesellschafters. Dies kann den Vorteil der breiteren Kapitalbasis überkompensieren.[295] So kann es mit steigender Anzahl von stimmberechtigten Gesellschaftern zu Schwierigkeiten bei Abstimmungsprozessen kommen. Allgemeine Voraussetzung für die Aufnahme neuer Gesellschafter ist, dass Mehrheitsverhältnisse im Gesellschaftsvertrag geregelt sind. Der Gesellschaftsvertrag enthält zudem Bestimmungen hinsichtlich der Aufnahme von neuen Gesellschaftern. Die Auswahl neuer Gesellschafter sollte generell sorgfältig erfolgen, auch weil die Kündigung von Gesellschaftern nur einer Frist von sechs Monaten zum Ende des Geschäftsjahres bedarf.[296] Wie bei der Einzelunternehmung ist auch bei der OHG das Haftungskapital durch das persönliche Vermögen der Gesellschafter limitiert.[297] Gleichzeitig haften die Gesellschafter aber mit ihrem gesamten Vermögen unbeschränkt, gesamtschuldnerisch und unmittelbar. Dieser Umstand kann bei einer Kommanditgesellschaft (KG) für Teile der Gesellschafter eingeschränkt werden.

[293] Vgl. Becker, 2010, S. 141.

[294] Vgl. Perridon/Steiner/Rathgeber, 2009, S. 362.

[295] Vgl. Perridon/Steiner/Rathgeber, 2009, S. 363.

[296] Vgl. Olfert, 2011, S. 184 f.

[297] Vgl. Becker, 2010, S. 142.

Die Beteiligung an einer KG (Rechtsgrundlage: §§ 161-177 a HGB, ergänzend §§ 105-160 HGB und §§ 705-740 BGB) kann als Komplementär (Vollhafter) und als Kommanditist (Teilhafter) erfolgen. Die Anzahl von Komplementären einer KG sollte analog zur OHG auf ein Maß begrenzt werden, das eine flexible Führung des Unternehmens sicherstellt und trotz steigender Anzahl der Komplementäre keine negativen Auswirkungen bei Abstimmungsprozessen gestattet. Zudem spielt das begrenzte Vermögen von Komplementären einer KG bei der Gewinnung neuer Gesellschafter eine bestimmende Rolle.[298] Der Eigenkapitalanteil der Komplementäre stellt wie bei Einzelunternehmung und der OHG eine variable Größe dar. Der Eigenkapitalanteil des Kommanditisten ist hingegen durch eine konstante Größe charakterisiert. Die Bedingungen zur Aufnahme von neuen Gesellschaftern sind auf Grund der beschränkten Haftung der Kommanditisten und der weniger engen Unternehmensbindung im Vergleich zur OHG als besser zu bewerten.[299] Da Kommanditisten generell von der Geschäftsführung ausgeschlossen sind, eignet sich diese Form der Beteiligungsfinanzierung besonders für KMU, die eine Eigenkapitalaufnahme auf Grund der Einschränkungen von Leitungskompetenzen ausschlagen.[300]

Um sowohl von den steuerlichen Vorteilen der Personengesellschaften zu profitieren als auch eine Haftungsbeschränkung aller natürlichen Personen zu bewirken, empfiehlt sich die Gründung einer GmbH & Co. KG. Die GmbH wird dabei oftmals allein durch einen Komplementär geführt, die Gesellschafter besitzen die Funktion entsprechend der Kommanditisten einer KG.[301] Als Kapitalgesellschaft muss die GmbH ein festes Stammkapital in Höhe von mindestens 25.000 Euro aufweisen, das durch eine verpflichtende Gesellschaftereinlage der Gesellschafter aufgebracht wird. Die Gesellschafter haften gegenüber der GmbH lediglich mit ihrer Einlage. Dies erleichtert im Allgemeinen die Aufnahme von Fremdkapital.[302] Zudem besteht die Möglichkeit, das Stammkapital durch Einlagen oder in Form von Gesellschaftsmitteln

[298] Vgl. Perridon/Steiner/Rathgeber, 2009, S. 363.
[299] Vgl. Becker, 2010, S. 143 f.
[300] Vgl. Olfert, 2011, S. 189.
[301] Vgl. Zantow/Dinauer, 2011, S. 62.
[302] Vgl. Perridon/Steiner/Rathgeber, 2009, S. 363 f.

anzuheben. Dabei können Stammeinlagen von bisherigen sowie neuen Gesellschaftern erworben werden. Für die Erhöhung ist ein notariell beurkundeter Beschluss der Gesellschafterversammlung notwendig, der mindestens durch eine Dreiviertelmehrheit verabschiedet werden muss. Die Geschäftsanteile der GmbH sind wie die der Einzelunternehmung, der OHG und der KG nicht fungibel bzw. können nicht über den direkten Kapitalmarkt veräußert werden. Zusätzlich erschwert die zeit- und kostenaufwendige Veränderung von Geschäftsanteilen, die auf Grund strenger Formvorschriften entsteht, die Beteiligungsfinanzierung.[303]

Das Interesse von Privatpersonen, sich mit einem größeren finanziellen Betrag an einem KMU zu beteiligen, scheint aktuell – evtl. aufgrund mangelnder alternativer Investmentmöglichkeiten bzw. geringer Renditepotentiale aufgrund des aktuellen Zinsniveaus – zu wachsen.

Die Bewertung der Finanzierung durch die Aufnahme neuer Gesellschafter kann der nachfolgenden Tabelle entnommen werden.

<table>
<tr><th colspan="3">Finanzierung durch Aufnahme neuer Gesellschafter</th></tr>
<tr><th>Voraussetzungen</th><th>Erfüllung der Anforderungen KMU</th><th>Note</th></tr>
<tr><td rowspan="3"><ul><li>Zustimmung der Altgesellschafter</li><li>Langfristig positive Unternehmensaussichten</li></ul></td><td>Kosten der Finanzierung</td><td></td></tr>
<tr><td>Fix</td><td>4</td></tr>
<tr><td>Variabel</td><td>4</td></tr>
<tr><td>Akquirierung möglicher Kapitalgeber</td><td>Wirkung auf das Eigenkapital</td><td>1</td></tr>
<tr><td rowspan="6"><ul><li>Geschäftspartner (Synergieeffekte)</li><li>Familie</li><li>Mitarbeiter (Motivation)</li><li>Evtl. Suchhilfe durch Bekannte oder Bank</li></ul></td><td>Liquiditätswirkung</td><td>1</td></tr>
<tr><td>Verfügbarkeit</td><td>4</td></tr>
<tr><td>Informationsanforderungen</td><td>5</td></tr>
<tr><td>Einfluss der Kapitalgeber</td><td>5</td></tr>
<tr><td>Dauer der Kapitalüberlassung</td><td>1</td></tr>
<tr><td>Risikobereitschaft</td><td>2</td></tr>
</table>

[303] Vgl. Becker, 2010, S. 145.

<table>
<tr><th colspan="2">Finanzierung durch Aufnahme neuer Gesellschafter</th></tr>
<tr><th>Vorteile</th><th>Nachteile</th></tr>
<tr><td>• Erhöhung des Stammkapitals (auch für das Rating)
• Langfristige Finanzierung
• Entlastung der Altgesellschafter bei Unternehmensführung und Bereitstellung von Haftungskapital</td><td>• Mitsprache- und Entscheidungsrechte des neuen Gesellschafters
• Veränderung der Besitz- und Einflussverhältnisse der Altgesellschafter
• Hohe Informationserfordernisse
• Geringe Verfügbarkeit, lange Verhandlungen</td></tr>
<tr><th colspan="2">Motive der Altgesellschafter für eine Kapitalerhöhung</th></tr>
<tr><td colspan="2">• Einbindung von Familienmitgliedern, Mitarbeitern oder Geschäftspartnern
• Finanzierung von Wachstum, wenn finanzielle Möglichkeiten der Altgesellschafter ausgeschöpft sind
• Einkauf eines Nachfolgers in das Unternehmen
• Verbreiterung der Haftungsbasis (sowohl finanziell als auch personell)
• Kapitalaufnahme bei Fehlen von Sicherheiten für Kreditfinanzierung</td></tr>
</table>

Tabelle 13: Bewertung Aufnahme neuer Gesellschafter[304]

5.3.2 Private Equity und Venture Capital

Die Aufnahme neuer Gesellschafter kann nicht nur durch die Aufnahme von Privatpersonen erfolgen. Alternativ ist auch die Beteiligung durch institutionelle Investoren, wie bspw. Beteiligungsgesellschaften, zu betrachten.

Private Equity bezeichnet Eigenkapital (equity), das von privaten Personen als Beteiligungskapital bereitgestellt wird und mit dem Beteiligungsgesellschaften (Private-Equity-Gesellschaften) Unternehmensanteile an Betrieben erwerben, die meist nicht an einer Börse notiert sind. Dieses Kapital dient dabei oft der Finanzierung eines Unternehmens in seiner Entwicklungsphase und verhilft den Private-Equity-Gesellschaften zur Erwirtschaftung finanzieller Renditen. Die Investments werden dabei innerhalb eines definierten Zeitraums (absehbarer Ausstieg) realisiert, der sich zumeist auf fünf bis maximal sieben Jahre erstreckt. Zur Gruppe der Investoren gehören sowohl Geldinstitute, Versicherungen, Pensionskassen, Industrieunternehmen als auch private Anleger, öffentliche Einrichtungen oder auch vereinzelt Hochschulen.

[304] In Anlehnung an Müller/Brackschulze/Mayer-Friedrich, 2011, S. 216.

Generell ergibt sich für Private-Equity-Gesellschaften der Vorteil, dass sie am Gewinn der veräußerten Anteile und somit an der Wertsteigerung des Unternehmens teilhaben können. Dabei kann eine außerordentliche Wertentwicklung für Kapitalgeber in den verschiedenen Perioden der Unternehmensentwicklung erzielt werden. Sowohl in der Frühphase (Early Stage) als auch in der finanzwirtschaftlich bedeutenden Phasen der späteren Unternehmensentwicklung (Late Stage) kann mit überdurchschnittlichen Wertentwicklung gerechnet werden. Hierunter fallen bspw. Perioden, in denen besonders starkes Wachstum erwartet wird oder die Einleitung eines Börsenganges geplant ist. Zudem können der Gesellschafteraustausch auf Grund von Unternehmens- oder Teilunternehmensverkäufen, die bevorstehende Unternehmensnachfolge sowie Turnarounds zu einer außerordentlichen Wertentwicklung des betreffenden KMU beitragen. Die erzielten Renditen sind tendenziell höher als bei den klassischen Anlagen.[305]

Private Equity-Investments können aus struktureller Hinsicht ein zweistufiges Agency-Problem darstellen. Zunächst existieren Informationsasymmetrien zwischen den Investoren auf der einen Seite und der Private Equity-Gesellschaft auf der anderen Seite. Die kapitalnachfragenden Unternehmen weisen gegenüber den Private-Equity-Gesellschaften einen Informationsvorsprung hinsichtlich der Strategien und Vorhaben auf. Ein Interessenausgleich der beiden Parteien kann durch die Vertragsgestaltung erreicht werden. Angesichts der Bereitstellung von Eigenkapital kann es zu vertraglich zugesicherten Mitsprache- und Kontrollrechten der Kapitalgeber kommen. Dieser Sachverhalt sollte aus Sicht des Unternehmens nicht nur als Zugeständnis von Kompetenzansprüchen gesehen, sondern auch als Managementunterstützung interpretiert werden. Private Equity-Gesellschaften haben sich generell auf Unternehmensprüfungen, -bewertungen und -aufbau spezialisiert, wodurch das Investitionsrisiko auf einem ansonsten unübersichtlichen KMU-Markt transparenter wird. Infolgedessen können Investoren ihr Engagement nach ihrem Rendite-Risiko-Anforderungsprofil selektieren.[306]

---

[305] Vgl. Zantow/Dinauer, 2011, S.121 f.; Reinemann, 2011, S. 148.
[306] Vgl. Portisch, 2008, S. 236 ff.

Venture Capital[307] wird als Eigenkapital definiert, das von spezialisierten Unternehmen als Beteiligungskapital bereitgestellt wird. Dabei werden Unternehmen unterstützt, die hohe Wachstums- sowie Gewinnpotenziale aufweisen. Die Hauptziele der Beteiligung mittels Venture Capital stellen die Förde-Förderung des Gewinns sowie des Wachstums dar. Ebenso können eine Emission (IPO) oder auch der Verkauf des gesamten Unternehmens (Trade Sales) angestrebt werden. Venture Capital ist vor allem für risikoreiche Finanzierungen in den frühen Phasen des Unternehmenslebenszyklus geeignet. Typischerweise betrifft dies zumeist auf junge, innovative und nicht börsennotierte Unternehmen zu, die ein erkennbares Entwicklungs- und Wachstumspotenzial aufweisen.[308]

Der Finanzierung über Private Equity werden auch die sogenannten Management-Buy-Outs zugeordnet, bei denen Unternehmen kapitalmäßig vollständig oder anteilig durch das Management erworben werden. Die Übernahme kann dabei durch externes oder internes Management vollzogen werden. Ist nicht genügend Eigenkapital vorhanden, kann beim Leverage-Buy-Out die Finanzierung der Fremdkapitalkosten durch die Nutzung des sogenannten Rendite-Hebels gedeckt werden. Bei KMU finden Buy-Outs bei der Unternehmensnachfolge Anwendung.[309]

In Deutschland existieren diverse Beteiligungsgesellschaften, die zum Teil vollständigen oder teilweise staatlichen Gesellschafterhintergrund haben. Deren Venture Capital kann häufig der Kreditfinanzierung gleichgesetzt werden. Bei dieser Form der Venture Capital-Bereitstellung sind Mitspracherechte der Kapitalgeber ausdrücklich eingeschränkt. Die größte Attraktivität für nicht staatliche Private Equity- oder Venture Capital-Investoren besteht im erstmaligen Börsengang des akquirierten Unternehmens. Weitere Exit-Strategien, die durch die zu erzielenden Gewinne von zentraler Bedeutung sind, können Buy-Back, Secondary Purchase oder Trade Sale sein.[310]

[307] In der Literatur wird der Begriff Venture Capital häufig mit Private Equity gleichgesetzt, obwohl ersteres lediglich ein Teilgebiet von Private Equity darstellt.

[308] Vgl. Gündel/Katzorke, 2007, S. 28.

[309] Vgl. Olfert, 2011, S. 264 ff.

[310] Vgl. Zantow/Dinauer, 2011, S. 122 ff.

Im Vergleich zwischen Venture Capital und langfristigen Bankkrediten werden sowohl Vor- als auch Nachteile deutlich. Positive Eigenschaften des Venture Capitals sind vor allem nicht notwendige banküblichen Sicherheiten und die Möglichkeit, risikoreiche Projekte zu realisieren. Außerdem ist die Entlastung der Liquidität ein entscheidender Vorteil, da durch Venture Capital kein laufender Liquiditätsabfluss durch Tilgung und Zinsen entsteht. Die Erhöhung des haftenden Eigenkapitals stärkt die Bonität des Unternehmens. Diese Vorteile können durch die gezielte Unterstützung des Managements durch die Venture Capital-Kapitalgeber gefördert werden. Dagegen sind die im Vergleich zum Bankkredit entstehenden Kapitalkosten, wie Aufwendungen für die Gewinnung von Investoren oder auch evtl. Publizitäts- oder Prüfungspflichten der Venture Capital-Kapitalgeber, als Nachteil zu sehen. Die Venture Capital-Kapitalgeber haben überdies einen sehr hohen Einfluss auf das Unternehmen und tragen zu der Problematik bei, dass eine spätere Veräußerung von Kapitalanteilen an unerwünschte Dritte erfolgen kann.[311] Das Beteiligungskapital in Form des Venture Capitals ist somit im Vergleich zur Selbstfinanzierung kostenintensiver, da Emissionskosten anfallen.[312]

In mittelständischen Unternehmen können durch Eigenkapitalbeteiligungen etwaige Expansionsstrategien intensiviert werden. Vor allem bei jungen Unternehmen entstehen im Zuge von Venture Capital-Beteiligungen Potenziale, da zumeist noch keine Gewinne erzielt werden und das Unternehmen demnach nicht kapitaldienstfähig ist.[313] Vor allem wachstumsstarke und innovative KMU sind für Beteiligungsgesellschaften interessant.[314] Auch kann die Beratung seitens der Investoren – angesichts des sehr guten Ausbildungsniveaus und der Erfahrungen der Kapitalgeber – zum Erfolg beitragen.[315]

Zum Erfolg KMU können auch Business Angels beitragen. Als Business Angels werden Privatpersonen bezeichnet, die sich an kleineren, oft jungen Unternehmen finanziell beteiligen. Oftmals stellen die betreffenden Personen auch ihr Know-how und ihr persönliches Netzwerk zur Verfügung. Auch hier

[311] Vgl. Becker, 2010, S. 237.
[312] Vgl. Schenck, 2006, S. 104.
[313] Vgl. Portisch, 2008, S. 236 ff.
[314] Vgl. Reinemann, 2011, S. 149.
[315] Vgl. Schneck, 2006, S. 259.

soll das Mittragen von Entscheidungen durch die Business Angels wachstumsfähigen, nicht börsennotierten Unternehmen neben der Bereitstellung von Kapital einen nachhaltigen Wertzuwachs ermöglichen. Die Einflussmöglichkeiten können hierbei individuell ausgestaltet werden.[316]

Private Equity, Venture Capital oder auch Business Angels haben bei der Finanzierung von KMU eine noch geringe Bedeutung.[317] Da für mittelständische Unternehmen die Wahrung der Autonomie ein übergeordnetes Ziel darstellt, stehen viele Unternehmen dem Beteiligungskapital eher skeptisch gegenüber.[318] Lediglich technologieorientierte Start-Ups nutzen vermehrt Private Equity, Venture Capital oder Business Angels.[319] Aktuell möchte die Bundesregierung im Rahmen der Hightech-Strategie Deutschland als Innovationsstandort für Private Equity- bzw. Venture Capital-Finanzierungen international anziehender gestalten. Vor allem sollen für innovative Start-up-Unternehmen bessere Finanzierungsmöglichkeiten geschaffen werden.[320]

Die wichtigsten Aspekte der Finanzierung durch Beteiligungsgesellschaften werden in Tabelle 14 veranschaulicht.

Finanzierung durch Beteiligungsgesellschaften		
Voraussetzungen	**Erfüllung der Anforderungen KMU**	**Note**
• Hohes Wachstumspotenzial, starke Wettbewerbsvorteile • Zeitlich begrenzter Kapitalbedarf • Exit-Möglichkeiten für Beteiligungsgesellschaften	Kosten der Finanzierung Fix Variabel	 4 5

[316] Vgl. Becker, 2010, S. 234 ff.

[317] Vgl. Zimmermann/Steinbach, 2011, S. 86 f.

[318] Vgl. Achleitner/von Einem/von Schröder, 2004, S. 29.

[319] Vgl. Zimmermann/Steinbach, 2011, S. 86 f.

[320] Vgl. Bundesministerium für Bildung und Forschung, 2014, S. 41.

Finanzierung durch Beteiligungsgesellschaften		
Akquirierung möglicher Kapitalgeber	Wirkung auf das Eigenkapital	1
• Hinweise durch Geschäftspartner • Vermittlung durch Bank/Berater • Ansprache durch Gesellschaften selber	Liquiditätswirkung	1
	Verfügbarkeit	4
	Informationsanforderungen	5
	Einfluss der Kapitalgeber	4
	Dauer der Kapitalüberlassung	5
	Risikobereitschaft	2
Vorteile	**Nachteile**	
• Bereitstellung größerer Kapitalsummen möglich • Auch risikoreiche Projekte finanzierbar • Unterstützung/Beratung durch Gesellschaft möglich • Kontaktnetzwerk der Gesellschaft	• Zeitlich begrenzte Kapitalüberlassung • Hohe Renditeansprüche = hohe variable Kosten • Hohe Informationsanforderungen • Hohe Hürden für Zugang zu Kapital	
Motive für eine Kapitalerhöhung durch Altgesellschafter		
• Alte und neue Gesellschafter können benötigte Eigenkapitalsummen nicht aufbringen • Sonderanlässe der Finanzierung, insbesondere Buy-Out-Transaktionen (= zeitlich befristete Bereitstellung größerer Kapitalsummen ohne Sicherheitenstellung) • Finanzierung innovativer Projekte oder Unternehmen und Unternehmen in Frühphasen		

Tabelle 14: Bewertung Beteiligungsgesellschaften[321]

In Deutschland stand bei annähernd 110.000 Familienunternehmen bis zum Jahre 2014 die Nachfolge des Unternehmens an. Eine Vielzahl dieser Unternehmen kann dabei keinerlei Unternehmensnachfolgepläne aufweisen, womit eine nahtlose Fortführung des Betriebes nicht gewährleistet ist. Gründe dafür sind bspw. fehlende Mittel, die KMU daran hindern, einen zweiten Geschäftsführer einzustellen. Resultierend daraus, werden vielzählige Familienunternehmen im genannten Zeitraum zum Verkauf stehen.[322] Private

[321] In Anlehnung an Müller/Brackschulze/Mayer-Friedrich, 2011, S. 230.

[322] Vgl. Hauser/Kay, 2010, S. 20.

Equity-Beteiligungsgesellschaften haben dabei die Chance, Unternehmensanteile dieser Betriebe zu erwerben.[323]

5.4 Mezzanine-Kapital

Mezzanine-Finanzierungen werden dem Private Equity zugeordnet und sind erst durch den Wandel des Finanzmarkts im Zuge von Basel II ins Interesse von KMU gerückt. Grundsätzlich handelt es sich bei Mezzanine-Kapital um nachrangige Geldmittel aus Sicht des Unternehmens mit Finanzbedarf.[324]

Trotz der durch die Banken oder deren Beteiligungstöchter eingeführten standardisierten Mezzanine-Programme spielt dieses Finanzierungsinstrument bei allen Unternehmensgruppen noch eine untergeordnete Rolle.[325] Dennoch stellt die Mezzanine-Finanzierung ein geeignetes Mittel für mittelständische Unternehmen dar, welche ihre Autonomie wahren und gleichzeitig das bilanzielle Eigenkapital erhöhen möchten.[326]

Der für KMU eingeschränkte Zugang zum Kapitalmarkt spiegelt sich in der geringen Quantität möglicher Mezzanine-Finanzierungsformen wider. Instrumente für nicht kapitalmarktfähige Unternehmen sind das Nachrangdarlehen und partiarische Darlehen, die stille Gesellschaft und die Genussrechte. Diese werden daher im Anschluss näher betrachtet.[327] Die Einordnung erfolgt zwischen Fremd- und Eigenkapital. Das Nachrangdarlehen und das partiarische Darlehen weisen eine stärkere Nähe zum Fremdkapital auf. Sie werden somit dem Debt-Mezzanine-Capital zugeordnet. Bei der stillen Gesellschaft sowie den Genussrechten überwiegen die Eigenkapitalkomponenten, so dass diese zum Equity-Mezzanine-Capital gehören.[328] Als Kapitalgeber können Banken, Beteiligungsgesellschaften und nicht institutionelle Kapitalgeber auftreten.[329]

---

[323] Ein umfangreicher Einblick in das Themengebiet Private Equity liefern Gündel/Katzorke, 2007.

[324] Für nähere Informationen zu Mezzanine Kapital siehe Kapitel 2.5.2.3.

[325] Vgl. Zimmermann/Steinbach, 2011, S. 87.

[326] Vgl. Reinemann, 2011, S. 150.

[327] Dabei wird auf ihre steuerliche Auswirkungen sowie die Bilanzierung in nationalen und internationalen Rechnungslegungssystemen (HGB, IFRS und US-GAPP) verzichtet. Für tiefergehende Informationen beachte Häger/Elkemann-Reusch, 2007.

[328] Vgl. Portisch, 2008, S. 222.

[329] Vgl. Olfert, 2011, S. 268 f.

Das Mezzanine-Kapital führt durch die Vertragsgestaltung sowie die Controlling- und Reportingpflichten zu erhöhten Kapitalkosten. Die Vergabe von finanziellen Mitteln durch Mezzanine-Kapitalgeber ist nicht an Sicherheiten gebunden. Deshalb sind die Unternehmen an eine dauerhafte und nachhaltige Beratung durch die Partner gebunden sowie zur Teilnahme am Unternehmensmonitoring verpflichtet.[330]

5.4.1 Nachrangdarlehen und partiarisches Darlehen

Als Nachrangdarlehen werden Darlehen bezeichnet, die im Rang hinter den weiteren Zahlungsverpflichtungen stehen. Das Nachrangdarlehen besteht somit aus einem gängigen Darlehen und einer zusätzlichen Vereinbarung eines Rangrücktrittes. Hierbei stehen im Falle einer Insolvenz die Gläubiger im Rang nach den restlichen Gläubigern. Eine Besonderheit ist jedoch, dass das Nachrangdarlehen noch vor den Gesellschafterdarlehen bedient wird. Ein zentrales Merkmal stellt die fehlende Bürgschaft der Gesellschafter gegenüber dem Kapitalgeber dar. Aus diesem Grund findet im Vorfeld eine umfangreichere Prüfung statt.[331]

Grundsätzlich kann zwischen dem einfachen und dem qualifizierten Rangrücktritt unterschieden werden. Wird eine Nachrangigkeit gegenüber allen Gläubigern erklärt, kommt dies der Anerkennung als wirtschaftliches Eigenkapital gleich. Das Nachrangdarlehen ist die Mezzanine-Finanzierungsform, die dem Fremdkapital am nächsten kommt. Somit wird die Klassifizierung der rechtlichen Stellung des zur Verfügung gestellten Kapitals vom Ausmaß des Rangrücktritts beeinflusst.[332]

Weitere Merkmale des Nachrangdarlehens stellen die eingeschränkten Kündigungsrechte sowie der Verzicht auf traditionelle Besicherung dar. Auf Grund dessen kann keine eindeutige Zuweisung zu Eigen- oder Fremdkapital erfolgen. Die erhöhte Risikostruktur sowie die nachrangige Besicherung tragen im Vergleich zum klassischen Darlehen zu einer höheren, gewinnunabhängigen, festen oder variablen Zinsbelastung bei. Die Aufnahme eines

---

[330] Vgl. Forschungsgemeinschaft für Außenwirtschaft, Struktur- und Technologiepolitik e. V., 2009, S. 46.

[331] Vgl. hierzu und im Folgenden Becker, 2010, S. 226.

[332] Vgl. Portisch, 2008, S. 223.

nachrangigen Darlehens wirkt sich dabei nicht auf die Stimmrechtsverteilung im Unternehmen aus, kann allerdings durch den Eigenkapitalcharakter zu einer Bilanzstrukturverbesserung führen.

Die partiarischen Darlehen (PDL) sind langfristige Darlehen, bei denen die Gläubiger Anteile des Gewinns oder des Umsatzes erhalten. Die Beteiligung kann sowohl auf einen Verwendungszweck begrenzt als auch für das gesamte Unternehmen genutzt werden. Diese Form des Darlehens entspricht einem Kredit mit partiellem Eigenkapitalcharakter. Die zentralen Merkmale stellen die niedrige Zinsbelastung sowie die Gewinn- oder Umsatzbeteiligung dar. Darüber hinaus ist der Darlehensgeber nicht selbst am Unternehmen beteiligt. Im Vergleich zur stillen Gesellschaft existieren für die Kapitalgeber demnach keinerlei Möglichkeiten, auf die Geschäftsausübung Einfluss zu nehmen. Der Darlehensgeber wird bei einem etwaigen Verlust nicht belastet.[333]

Die enorme Flexibilität eines PDL ist besonders für mittelständische Betriebe, die Nischenprodukte vertreiben und schnell auf Marktveränderungen reagieren müssen, von großem Nutzen. Dabei werden die finanziellen Mittel von privaten Fremdkapitalgebern, bspw. wie der Thüringer Aufbaubank, übernommen. Diese unterstützt diverse mittelständische Unternehmen durch PDL mit Nachrangabrede innerhalb eines Finanzierungsbetrages von 20.000 bis 100.000 Euro.[334] Die Bewertung der Finanzierung über Nachrangdarlehen wird in Tabelle 15 ersichtlich.

Finanzierung durch Nachrangdarlehen		
Voraussetzungen	**Erfüllung der Anforderungen KMU**	**Note**
• keine besonderen Voraussetzungen	Kosten der Finanzierung Fix Variabel	 3 3

[333] Vgl. Olfert, 2011, S. 269.
[334] Vgl. Schneck, 2006, S. 147 f.

<table>
<tr><th colspan="3">Finanzierung durch Nachrangdarlehen</th></tr>
<tr><td>Akquirierung möglicher Kapitalgeber</td><td>Wirkung auf das Eigenkapital</td><td>3</td></tr>
<tr><td rowspan="7"><ul><li>Bisherige Fremdkapitalgeber</li><li>Banken</li><li>Beteiligungsgesellschaften</li><li>KfW und andere Förderbanken</li></ul></td><td>Liquiditätswirkung</td><td>4</td></tr>
<tr><td>Verfügbarkeit</td><td>2</td></tr>
<tr><td>Informationsanforderungen</td><td>3</td></tr>
<tr><td>Einfluss der Kapitalgeber</td><td>2</td></tr>
<tr><td>Dauer der Kapitalüberlassung</td><td>4</td></tr>
<tr><td>Risikobereitschaft</td><td>3</td></tr>
<tr><td>Vorteile</td><td colspan="2">Nachteile</td></tr>
<tr><td><ul><li>Evtl. Eigenkapital beim Rating</li><li>Kostengünstig und steuerlich absetzbar</li><li>Keine Kontroll- und Mitspracherechte</li><li>Keine Sicherheitenstellung</li><li>Keine hohen Informationsanforderungen</li></ul></td><td colspan="2"><ul><li>Liquiditätsbelastung</li><li>Kapitalbereitstellung zeitlich begrenzt</li><li>Kein flexibles Risikokapital</li><li>Eventuelle Einhaltung von Covenants</li></ul></td></tr>
<tr><td colspan="3">Motive für eine Kapitalerhöhung durch Altgesellschafter</td></tr>
<tr><td colspan="3"><ul><li>Zuführung von Kapital bei fehlenden oder bereits ausgeschöpften Sicherheiten</li><li>Ratingverbesserung (Kapital, das beim Rating als Eigenkapital angesehen wird)</li><li>Liquiditätsentlastung in kritischen Situationen durch endfällige Verzinsung</li></ul></td></tr>
</table>

Tabelle 15: Bewertung Nachrangdarlehen[335]

5.4.2 Stille Gesellschaft

Die stille Gesellschaft (§§ 230-236 HGB) ist eine Beteiligung in Form einer Vermögenseinlage, bei der die Einlage in das Vermögen des Gewerbes übergeht, sobald eine Gewinnbeteiligung vereinbart wird. Sie stellt eine Sonderform der Gesellschaft dar, bei der eine private oder juristische Person oder eine Gesellschaft als stiller Gesellschafter fungieren kann. Der stille Gesellschafter hat die Möglichkeit, sich in Form von Geld-, Sach- oder Dienstleistungen einzubringen. Zu beachten ist, dass er durch die Beteili-

[335] In Anlehnung an Müller/Brackschulze/Mayer-Friedrich, 2011, S. 247.

gung nicht zu einem Kaufmann wird. Lediglich der Inhaber der stillen Gesellschaft muss die Eigenschaften eines Kaufmanns aufweisen. Die Besonderheit der stillen Gesellschaft ist dabei, dass das Gesellschaftsverhältnis für Dritte nicht ersichtlich ist. Die stille Gesellschaft weist eine enorme Flexibilität auf. Dies zeigt sich unter anderem bei der Gestaltung des Gesellschaftsvertrags, in dem individuelle Vereinbarungen und die Rechte des stillen Gesellschafters in Bezug auf Mitwirkung, Information, Kontrolle und Wertsteigerung gestaltet werden können.[336] Auf Grund dieser Gestaltungsspielräume ist die stille Gesellschaft in der Praxis bei KMU sehr beliebt.[337]

Je nach Gestaltung des Gesellschaftervertrags kann die stille Gesellschaft Charakteristika von Eigen- oder Fremdkapital aufweisen. Die eigenkapitalähnliche stille Gesellschaft wird als atypische stille Gesellschaften bezeichnet. Hier kann idealerweise von einem Mitunternehmertum gesprochen werden (§ 15 I 1 Nr. 2 EStG). Bei der typischen stillen Gesellschaft sind die Vermögens- und Kontrollrechte dagegen schwächer ausgeprägt.

In der Regel besitzen stille Gesellschaften Fremdkapitalcharakter und sind, wie das partiarische Darlehen, durch die Zahlung eines Festzinssatzes sowie einer gewinnabhängigen Komponente definiert. Im Gegensatz zum partiarischen Darlehen wird bei der stillen Gesellschaft eine gemeinsame Gesellschaft mit eingeschränkten Kontrollmöglichkeiten geschaffen. Diese kann beispielsweise durch Einsicht in die Jahresabschlüsse kontrolliert werden. Eine Verlustbeteiligung kann im Gesellschaftsvertrag ausgeschlossen werden. Ein besonderes Element der stillen Gesellschaft bildet die Möglichkeit, den stillen Gesellschafter von der Entwicklung des Unternehmenswertes auszuschließen, wodurch die Beteiligung nur in der Höhe des Zuflusses der ehemaligen Einlage zurückgezahlt wird. Bei der atypischen stillen Gesellschaft ist der stille Gesellschafter hingegen am Zuwachs der stillen Reserven und des Unternehmenswertes beteiligt. Es werden ihm weitreichende Möglichkeiten zur Einflussnahme gewährt. Diese übersteigen die im HGB geregelten Informations- und Kontrollrechte. Der Eigenkapitalgeber besitzt somit die umfassenderen Rechte. Verstärkt wird dieser Sachverhalt durch eine

[336] Vgl. Becker, 2010, S. 224.
[337] Vgl. Schneck, 2006, S. 274.

Verlustzuweisung oder eine Nachrangigkeit im Falle der Insolvenz. Atypische stille Beteiligungen werden bei der Umwandlung der Verbindlichkeiten in Eigenkapital- oder Eigenkapitalersatz eingesetzt. Dabei können die Bonität sowie das Rating eines Unternehmens positiv korrigiert und so für weitere Aufnahmen von Fremdkapital zugänglicher gemacht werden.[338] Die Charakteristika der stillen Gesellschaft werden nachfolgend bewertend zusammengefasst.

Finanzierung durch stille Gesellschaft		
Voraussetzungen	**Erfüllung der Anforderungen KMU**	**Note**
Kenntnisse bzw. Beratung zur Ausgestaltung, damit steuerliche, liquiditätsschonende und finanzwirtschaftliche Vorteile voll ausgenutzt werden	Kosten der Finanzierung Fix Variabel	 4 4
Akquirierung möglicher Kapitalgeber	Wirkung auf das Eigenkapital	4
• Familie, Geschäftspartner und Mitarbeiter • Vermittlung durch Banken oder direkte Beteiligung durch Gesellschaft der Bank • Beteiligungsgesellschaften	Liquiditätswirkung	3
	Verfügbarkeit	3
	Informationsanforderungen	4
	Einfluss der Kapitalgeber	(flexibel)
	Dauer der Kapitalüberlassung	3
	Risikobereitschaft	2-3
Vorteile	**Nachteile**	
• Eigenkapital beim Rating (beim Rangrücktritt) • Kosten steuerlich absetzbar (typische stille Beteiligung) • Kontroll- und Mitspracherechte individuell festlegbar • Geringere Liquiditätsbelastung • Keine Sicherheitenstellung	• Schlechte Verfügbarkeit • Keine steuerliche Absetzbarkeit (atypische stille Beteiligung) • Höhere variable Kosten als Kredit • Equity-Kicker kann später Einfluss der Mezzanine-Kapitalgeber bedeuten	

[338] Vgl. Olfert, 2011, S. 269 f.

Finanzierung durch stille Gesellschaft
Motive für eine Kapitalerhöhung durch Altgesellschafter
• Zufuhr eigenkapitalähnlichen Kapitals ohne Einflussverlust bisheriger Gesellschafter • Nachfolgeregelungen (finanzielle Einbindung des Alteigentümers bei Aufgabe seines Einflusses) • Einbindung einer Kapitalbeteiligungsgesellschaft • Aufnahme weiteren Kapitals, wenn keine Sicherheiten mehr zur Verfügung stehen

Tabelle 16: Bewertung stiller Beteiligungen[339]

5.4.3 Genussrechte

Genussrechte werden in Form von Genussscheinen ausgegeben und machen schuldrechtliche Ansprüche wie Gewinn- oder Liquidationserlösbeteiligungen gegen die Gesellschaft geltend. Das Recht auf Mitsprache bleibt den Inhabern eines Genussscheines verwehrt. Eine höhere Rendite führt jedoch oftmals zu einem lohnenswerten Investment. Im Falle einer Insolvenz erfolgt die Rückzahlung der Einlage erst, nachdem alle Gläubiger bedient wurden. Demnach ist ein Verlust der gesamten Einlage möglich. Darüber hinaus zeichnen sich Genussscheine durch ihre Unabhängigkeit von der Unternehmensform aus und können demnach von KMU fast beliebig emittiert werden. Die Anerkennung als wirtschaftliches Eigenkapital ist bei Genussrechten gestaltungsabhängig.[340]

Damit eine Anerkennung als bilanzielles Eigenkapital erfolgen kann, müssen diverse Kriterien erfüllt sein. Zunächst dürfen die Ansprüche der Genussrechtsinhaber im Insolvenzfall nicht nachrangig befriedigt werden. Zudem muss das Genussrechtskapital der Gesellschaft mindestens fünf Jahre zur Verfügung stehen. Die Beteiligung kann im Falle eines wirtschaftlichen Verlustes in voller Höhe zur Deckung des Verlustes genutzt werden. Des Weiteren ist eine erfolgsabhängige Vergütung zu zahlen, da sich lediglich auf diesem Wege die Passivierung als Verbindlichkeit vermeiden lässt. Steuerlich gesehen, werden Genussrechte als Eigenkapital eingestuft, sobald ein Anteil am Liquidationserlös oder eine kumulative Beteiligung am Gewinn sicherge-

339 In Anlehnung an Müller/Brackschulze/Mayer-Friedrich, 2011, S. 243.
340 Vgl. Portisch, 2008, S. 225.

stellt sind. Sollten die Kriterien gemeinschaftlich nicht erfüllt sein, liegt aus steuerlicher Sicht Fremdkapital vor.[341]

Durch eine Verbriefung der Genussrechte können diese die Eigenschaften einer Anleihe aufweisen, was zu einer Einordnung zwischen Aktien und Rentenpapieren führt. Für mittelständische Unternehmen mit guter Bonität bieten sich Genussscheinfonds an, um einen indirekten Weg zum Kapitalmarkt zu erhalten. Dabei können mittelständische Unternehmen Kapital zwischen 5 und 40 Millionen Euro über die Genussscheinfinanzierung generieren.[342]

Die besondere Flexibilität von Genussrechten kann durch das sogenannte magische Fünfeck erläutert werden. Dieses illustriert, dass die Gestaltung der Genussscheine an Hand von fünf Faktoren erfolgt:[343]

1. Nachrangiges Haftkapital mit Pufferfunktion
2. Steigerung der Eigenkapitalquote nach dem Handelsbilanzrecht
3. Ergebnisabhängige Auszahlung
4. Keine unternehmerische Mitsprache für Genussrechteinhaber
5. Steuerliche Abzugsfähigkeit als Betriebsausgabe

Auf Grund der großen Fungibilität, die Genussrechte aufweisen, sind sie besonders für junge Unternehmen eine interessante Alternative zu den übrigen Mezzanine-Finanzierungsformen.[344]

Die Flexibilität von Genussrechten kann beispielhaft an der „Wurstaktie" der Metzgerei Weckerlein aus Nürnberg erläutert werden. Kunden haben die Möglichkeit, Genussscheine des Unternehmens ab 100 Euro zu erwerben. Hierfür erhalten diese einen Zins in Höhe von sieben Prozent, der in Form von Warengutscheinen jährlich ausgezahlt wird. Bei einem Nennwert der Kundeneinlage von über 1.000 Euro liegt der Zins bei zehn Prozent. Die Genussscheine des Metzgermeisters sind nachrangig ausgestaltet und besitzen

[341] Vgl. Becker, 2010, S. 228.
[342] Vgl. Olfert, 2011, S. 228 ff.
[343] Vgl. Häger/Elkemann-Reusch, 2007, S. 271 f.
[344] Vgl. Fischl, 2011, S. 20.

eine Mindestlaufzeit von drei Jahren. Anschließend sind sie jährlich kündbar. Der maximale Erlös der Genussscheine ist auf 90.000 Euro begrenzt.[345] Somit kann den kostspieligen Prüfungen der Bundesanstalt für Finanzdienstleistungen sowie gesetzlichen Auflagen wie der Prospektpflicht entgangen werden.[346] Der Vorteil der Emittierung liegt, neben der Kapitalbereitstellung, im durch den Naturalien-Zins ausgelösten Effekt, da der Metzgermeister die Ware günstiger herstellt als später ausgepriesen. Somit kann er die Gewinnspanne an den Kunden weitergeben.[347] Zur Vervollständigung wird nachfolgend die Gesamtbewertung der Finanzierung durch Genussrechte ermöglicht.

Finanzierung durch Genussrechte		
Voraussetzungen	**Erfüllung der Anforderungen KMU**	**Note**
- Unternehmen erwirtschaftet bzw. erwartet überdurchschnittliche Gewinne - Bereitschaft zur offenen Kommunikation mit der Öffentlichkeit	Kosten der Finanzierung Fix Variabel	 4 3
Akquirierung möglicher Kapitalgeber	Wirkung auf das Eigenkapital	3
- Versicherungen, Beteiligungsgesellschaften, Banken, Investmentfonds - Beteiligung von Familie, Mitarbeitern, Kunden	Liquiditätswirkung	2
	Verfügbarkeit	3
	Informationsanforderungen	4
	Einfluss der Kapitalgeber	3
	Dauer der Kapitalüberlassung	3
	Risikobereitschaft	3

[345] Vgl. Tontsch, 2012, S. 7.

[346] Vgl. VerkaufsprospektG, § 8f Abs. (2) Nr. 3.

[347] Vgl. Gerke, 2011, S. 5.

<table>
<tr><th colspan="2">Finanzierung durch Genussrechte</th></tr>
<tr><th>Vorteile</th><th>Nachteile</th></tr>
<tr><td>- Keine Mitspracherechte im Unternehmen
- Liquiditätsschonend
- Ausgestaltung als Eigenkapital möglich, jedoch Eigenkapital beim bankinternen Rating
- Längerfristige Kapitalüberlassung</td><td>- Hohe variable Kosten
- Geringe Verfügbarkeit (ohne Verbriefung) bzw. Kosten der Börseneinführung (mit Verbriefung)
- Hohe Informationsanforderungen</td></tr>
<tr><th colspan="2">Motive für eine Kapitalerhöhung durch Altgesellschafter</th></tr>
<tr><td colspan="2">• Kapitalaufnahme an der Börse ohne Umwandlung in AG
• Regelung der Nachfolge (Beteiligung von Fremdmanagern oder Familienmitgliedern)
• Beteiligung der Mitarbeiter am Gewinn ohne Gewährung von Einflussrechten
• Aufnahme von Beteiligungsgesellschaften ohne Verlust des Einflusses</td></tr>
</table>

Tabelle 17: Bewertung Genussrechte[348]

5.5 Zwischenfazit

Die Verwendung von alternativen Finanzierungsinstrumenten findet bei KMU bisher nur vereinzelt Anwendung.[349] Dies wird auch durch die Experteninterviews bestätigt.[350] Die seit dem Ausbruch der Finanzkrise zunehmende Bedeutung bestimmter Finanzierungsinstrumente – wie des Factorings, der ABS-Finanzierung oder des Beteiligungskapitals – deutet jedoch zukünftig auf einen vermehrten Einsatz hin.[351]

Grundsätzlich kann der Einsatz klassischer sowie alternativer Finanzierungsinstrumente am Unternehmenslebenszyklus ausgerichtet werden. Insbesondere in der Gründungsphase eines Unternehmens können Eigenmittel und Private Debt-Finanzierungen wichtige Instrumente zur Kapitalausstattung von Kleinst- und Kleinunternehmen darstellen. Ferner können Business Angels oder die Inanspruchnahme von Venture Capital in dieser Unternehmensphase relevant sein. Zudem bildet das Leasing für KMU ein interessan-

---

[348] In Anlehnung an Müller/Brackschulze/Mayer-Friedrich, 2011, S. 252.

[349] Vgl. Reinemann, 2011, S. 154; Berthold, 2010, S. 62 ff.; KfW-Bankengruppe, 2011, S. 53 ff.; Statistisches Bundesamt, 2011, S. 21.

[350] Vgl. Expertengespräche Sparkasse Trier AöR und Volksbank Trier eG.

[351] Vgl. Zimmermann/Steinbach, 2011, S. 79 ff.

tes Finanzierungsinstrument bei der Gründung. In der Wachstumsphase erweisen sich Finanzierungen aus dem Cashflow oder aus Private Equity als sinnvolle Quellen. Außerdem kann das Factoring hier als alternatives Finanzierungsinstrument von zentraler Bedeutung sein. In der Reifephase können jegliche Finanzierungsinstrumente von der Beteiligung durch Eigenkapital bis hin zu Börsengängen in Anspruch genommen werden. Die Wahl des geeigneten Finanzierungsmittels ist somit stets von der aktuellen Lebenszyklusphase abhängig, in die das kapitalsuchende Unternehmen einzuordnen ist.[352]

Anhang XXV zeigt eine Rangfolge von Finanzierungsinstrumenten, die anhand verschiedener Präferenzen aufgestellt wurde. Die Rangfolge orientiert sich dabei an Präferenzen wie der Eigenkapitalverbesserung, der Risikofinanzierung, der Wahrung der Unabhängigkeit sowie an Kostenaspekten. Theoretisch können diese Präferenzen beliebig kombiniert werden, um eine optimale Finanzierungsstrategie für ein Unternehmen zu identifizieren. Bei der Analyse ist allerdings zu beachten, dass bestimmte Präferenzen nicht miteinander kompatibel sind. So besteht bspw. nicht die Möglichkeit, Eigenkapital aufzunehmen, ohne die Kompetenzansprüche von Alt-Gesellschaftern einzuschränken. In der Regel beanspruchen Eigenkapitalgeber im Vergleich zu Banken eine höhere Verzinsung des eingesetzten Kapitals, stellen dafür aber eher risikotragendes Kapital zur Verfügung.[353]

[352] Vgl. Reinemann, 2011, S. 137.

[353] Vgl. Müller/Brackschulze/Mayer-Friedrich, 2011, S. 283 f.

6 Exemplarische Darstellung der Finanzierungssituation von KMU

Zur Erhärtung der Aussagen dieses Buches wurde eine explorative Stichprobe mittels eines Fragebogens durchgeführt. Die Antworten wurden bewertet und in dieses Kapitel eingearbeitet.

6.1 Auswertung und Vorgehensweise der Befragung

Insgesamt wurden in Deutschland 45 KMU aus unterschiedlichen Branchen per E-Mail befragt. Die Auswahl der KMU basierte auf den definierten KMU-Kriterien und erfolgte per Zufall. Die Fragebögen beziehen sich auf die Geschäftsjahre 2009 bis 2010. Vier der Fragebögen wurden beantwortet zurückgesendet. Dies entspricht einer Rücklaufquote von knapp 9 %. Die Zusammensetzung der realisierten Stichprobe ist aus der nachstehenden Tabelle 18 ersichtlich.

Bei nur vier beantworteten Fragebögen kann keine statistische Auswertung erfolgen. Gleichwohl sind bei dieser explorativen Betrachtung oft klare Tendenzen erkennbar. In diesen Fällen können die Ergebnisse der Befragung zur Untermauerung der Thesen dieser Arbeit dienen. Aus diesem Grunde werden im weiteren Verlauf des Buches die Unterschiede zwischen einzelnen Unternehmen exemplarisch betrachtet.

Die Unternehmen, die den Fragebogen beantwortet haben, unterscheiden sich zum Teil stark voneinander. In der abgebildeten Tabelle können typische Merkmale der befragten Unternehmen entnommen werden.

Unternehmen	A	B	C	D
Rechtsform	UG	GmbH & Co. KG	GmbH	GmbH
Mitarbeiter	3	767	23	4
Umsatz in Mio. EUR	0,01	202	1	1,59
Bilanzsumme in Mio. EUR	fehlende Angabe	158	0,55	1,01
EK-Quote	100 %	36 %	10 %	1,5 %
Branche	Technologie	Anlagenbauer	Dachdecker	Dienstleistung
Unternehmensalter	3 Jahre	230 Jahre	23 Jahre	85 Jahre

Tabelle 18: Merkmale teilgenommener KMU

Drei der vier Unternehmen (A, C und D) können nach den quantitativen Kriterien als KMU bezeichnet werden. Zwei dieser Unternehmen (A und D) fallen in die Kategorie Kleinstunternehmen. Das dritte Unternehmen (C) kann den Kleinunternehmen zugeordnet werden. Das vierte Unternehmen (B) weist gemäß den qualitativen Kriterien des IfM Bonn Eigenschaften eines mittleren Unternehmens auf.

Hinsichtlich des Wissensstands bezüglich der ausgewählten Finanzierungsformen kann bei der Befragung[354] ein einheitliches Bild der befragten KMU festgestellt werden. Allen befragten Unternehmen kann ein breites Basiswissen bezüglich der zur Verfügung stehenden Finanzierungsinstrumente attestiert werden. Lediglich das Mezzanine-Kapital und die Unternehmensanleihen bzw. Schuldverschreibungen sind nicht allen Befragten bekannt. Die Bedeutung der Finanzierungsinstrumente deckt sich weitestgehend mit dem allgemeinen Bekanntheitsgrad des jeweiligen Instruments.

Demnach hat die Innenfinanzierung die höchste Bedeutung für die befragten KMU. Ebenso spielen die Einlagen von Gesellschaftern, kurz- und mittelfristige Bankkredite sowie Lieferantenkredite eine wesentliche Rolle. Leasing und langfristige Bankkredite sind ebenso relevant. Lediglich das Unternehmen A gibt an, dass langfristige Bankkredite noch unwichtig sind. Hierbei handelt es sich allerdings um ein technologie-orientiertes Start-Up, das fast ausschließlich auf eigenkapitalfinanzierte Instrumente zurückgreift. Das Factoring wird lediglich von Unternehmen B als wichtiger erachtet. Des Weiteren sind es das Mezzanine-Kapital und die Anleihen bzw. Schuldverschreibungen die keinerlei Bedeutung bei der Finanzierung der befragten KMU haben.

Ausgehend von den Ergebnissen der Auswertung, kann festgestellt werden, dass die Anzahl der als bedeutend eingestuften Finanzierungsinstrumente mit der Unternehmensgröße zunimmt. Die Erklärung dafür dürfte darin liegen, dass Unternehmen mit zunehmender Größe ihre Finanzierung auf eine breitere Basis stellen. Zudem liegen bei größeren Unternehmen eher ältere Unternehmen vor, bei denen mehr Erfahrung und Wissen im Bereich Finanzierung gesammelt werden konnten. Nicht zuletzt können bei größeren Un-

[354] Die beantworteten Fragebögen können dem Anhang XI entnommen werden.

ternehmen eher Spezialisten für die unterschiedlichen Bereiche des Unternehmens eingesetzt werden. Erkennbar wird zudem, dass die Befragten – mehr oder weniger unbewusst – ihre Finanzierungsinstrumente weitestgehend nach dem Prinzip der sogenannten Pecking-Order-Theorie auswählen. Bei der Wahl der Finanzierung spielen jedoch mehrere Attribute eine Rolle. Die befragten KMU legen bei der Auswahl ihrer Finanzinstrumente einen hohen Wert auf Attribute wie Finanzierungskosten und Finanzierungslaufzeiten. Auch konstante Tilgungsbelastungen, steuerliche Aspekte sowie Effekte möglicher Förderungsmöglichkeiten sind wichtige Attribute bei der Finanzierungsfindung. Drei der vier Unternehmen sind mit ihrer aktuellen Finanzierungssituation zufrieden. Dennoch können Hinweise abgeleitet werden, die auf einen erschwerten Kreditzugang für KMU hinweisen. Diesbezüglich geben zwei von vier Unternehmen eine aus ihrer Sicht negative Veränderung der Kreditvergabe durch Banken an. Die genannten Gründe hierfür waren die erhöhten Dokumentations- und Sicherheitsleistungen.

Die im Kapitel 3.2 beschriebene optimale EK-Quote kann lediglich Unternehmen (B) aufweisen. Bei genauerer Betrachtung des Eigenkapitels der vier Unternehmen ist eine breite Streuung zu erkennen. Auf Grund der begrenzten Informationsbasis kann über die individuellen Eigenschaften der EK-Quote lediglich spekuliert werden. Daher wird hier auf eine detaillierte Betrachtung der EK-Quoten verzichtet.

Alle vier befragten KMU tätigen ihre Finanzierungen auf Grund von starken Wachstums- bzw. Expansionswünschen. Dies kann ein Indikator für eine verbesserte wirtschaftliche Lage der befragten KMU sein.

6.2 Zusammenfassung und Interpretation der Ergebnisse

Zusammenfassend kann festgestellt werden, dass die ausgewählten Finanzierungsinstrumente allen befragten Unternehmen weitestgehend bekannt sind und nach dem Prinzip der Pecking-Order-Theorie ausgewählt werden. Ein Bewusstsein für den eingeschränkter Zugang zum organisierten Kapitalmarkt und das Ziel größtmöglicher Autonomie lassen sich bei allen befragten Unternehmen feststellen. Doch scheint mit zunehmender Unternehmensgröße die Kompromissbereitschaft zu steigen, bei der Auswahl von Finanzierungsinstrumenten Kontroll- bzw. Mitspracherechte am Unternehmen einzubüßen. Betrachtet man Unternehmen (B), weist dieses das Attribut „Kontroll- bzw. Mitsprachrechte Dritter“ als unwichtig aus. Somit soll die Hypothese aufgestellt werden, dass die Finanzierungssituation von KMU andere Anforderungen mit sich bringt als die Finanzierungssituation von Großunternehmen.

7 Bedeutung von Universalbanken

In diesem Kapitel wird zunächst der Begriff Universalbank definiert. Dabei werden auch die verschiedenen Ausprägungen dieser Kreditinstitute aufgezeigt. Ferner werden die Hauptcharakteristika dieser Banken veranschaulicht und auf das für KMU-typische Hausbankprinzip eingegangen. Darüber hinaus wird die Eignung dieser Kreditinstitute im Hinblick auf die Finanzierung mittelständischer Unternehmen diskutiert.

7.1 Universalbanken

Kreditinstitute sind die primären Fremdkapitalgeber von KMU und können in Universalbanken und Spezialbanken gegliedert werden. Universalbanken offerieren dabei sämtliche Bankleistungen und lassen sich durch ihre unterschiedlichen Geschäftsziele und Trägerschaften differenzieren.[355]

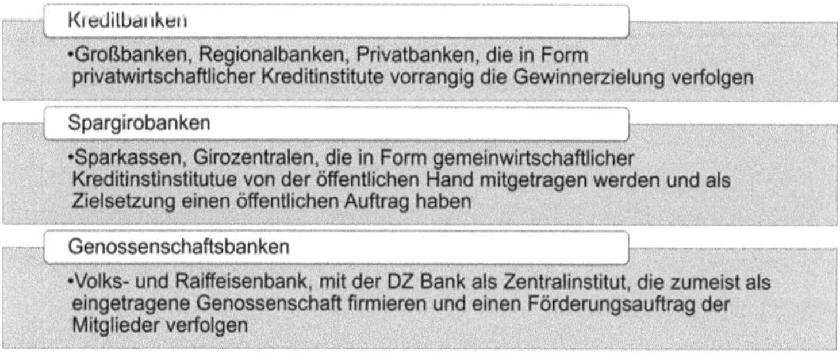

Kreditbanken
- Großbanken, Regionalbanken, Privatbanken, die in Form privatwirtschaftlicher Kreditinstitute vorrangig die Gewinnerzielung verfolgen

Spargirobanken
- Sparkassen, Girozentralen, die in Form gemeinwirtschaftlicher Kreditinstinstitutue von der öffentlichen Hand mitgetragen werden und als Zielsetzung einen öffentlichen Auftrag haben

Genossenschaftsbanken
- Volks- und Raiffeisenbank, mit der DZ Bank als Zentralinstitut, die zumeist als eingetragene Genossenschaft firmieren und einen Förderungsauftrag der Mitglieder verfolgen

Abbildung 14: Universalbanken[356]

Zu den deutschen Großbanken bzw. privat-börsennotierten Geschäftsbanken zählen bspw. die Deutsche Bank AG und die Commerzbank AG. Die Sparkassen zählen zu den Spargirobanken. Die Geschäftstätigkeit einzelner Sparkassen ist dabei regional begrenzt. Aus diesem Grund besteht kaum interner Konkurrenzkampf innerhalb des Sparkassensektors. Die gesamte Universalbankfunktion wird von den Sparkassen in Kooperation mit ihren Landesbanken gewahrt. Die Volks- und Raiffeisenbanken zählen zu den Ge-

355 Bedeutung sowie Merkmale von Spezialbanken werden gesondert in Kapitel 8 behandelt.
356 In Anlehnung an Olfert, 2011, S. 324.

nossenschaftsbanken und stellen einen weiteren Bereich des Bankensektors in Deutschland dar.[357] In Bezug auf die Organisationstruktur ähnelt ihr System dem der Sparkassen. Daher liegt ebenfalls das Regionalprinzip vor. Generell kann innerhalb der Genossenschaftsbanken zwischen den Volks- und Raiffeisenbanken, PSD-Banken, Sparda-Banken und Berufsgruppenbanken unterschieden werden. Dabei stellen klassische Buchkredite und Einlagengeschäfte mit Nichtbanken das Kerngeschäfte der Genossenschaftsbanken dar.[358]

Bei Universalbanken können gesonderte Geschäftsphilosophien unterschieden werden. Sparkassen verfolgen das Ziel, eine breite Masse mit Geld zu versorgen. Die ursprüngliche Geschäftsphilosophie, jegliche Bankdienstleistungen ohne Absicht auf Gewinnerzielung anzubieten, ist vom Grundsatz her heute noch gültig. Gewinne dienen den Sparkassen vor allem zur Bildung von Gewinnrücklagen, zur Investitionsfähigkeit oder zur Beihilfe von Förderaktivitäten. Das Regionalprinzip wird auch in der Geschäftsphilosophie einer Sparkasse ersichtlich. Sparkassen sind regional gebunden und daher sehr an der Entwicklung und Förderung des Wohlstands in der jeweiligen Region interessiert.[359] Diese Merkmale lassen sich mehrheitlich auch auf Volks- und Raiffeisenbanken übertragen. Wie bei den Sparkassen können eine persönliche Bindung und eine Verantwortung gegenüber den Kunden sowie der Region festgestellt werden.

Private börsennotierte Geschäftsbanken haben demgegenüber das Ziel, gewisse Renditeanforderungen zu erfüllen, um den Anteilseignern Gewinne und Dividenden zu bieten. Die Tätigkeiten dieser Geschäftsbanken sind nicht auf eine Region beschränkt. Dies erleichtert es ihnen, falls dies wirtschaftlich sinnvoll ist, sich aus einer konkreten Region zurückzuziehen.[360]

Beantragt ein mittelständisches Unternehmen Fördermittel bei einer Förderbanken der Länder oder bei der Kreditanstalt für Wiederaufbau (KfW), gilt – unabhängig davon, bei welcher Art von Universalbank ein Unternehmer

[357] Vgl. Rösler/Mackenthun/Pohl, 2002, S. 25 ff.
[358] Vgl. Leißl. 2011, S. 32 ff.
[359] Vgl. Expertengespräch Sparkasse Trier AöR.
[360] Vgl. Volks- und Raiffeisenbanken, 2012, S. 7 ff.

seine Konten hat – das Hausbankprinzip. Dies bedeutet, dass das Unternehmen den Förderantrag nicht bei der Förderbank, sondern bei seiner Hausbank stellt. Das Hausbankprinzip befindet sich derzeit im Wandel und besagt, dass meist nur ein bestimmtes Kreditinstitut ein Unternehmen während der Gründungs-, Wachstums- oder Brückenfinanzierungsphase begleitet.[361] Es zielt ab auf eine langfristige Beziehung zwischen der Bank und dem Unternehmen, die durch eine persönliche und enge Bindung charakterisiert ist (siehe Tabelle 19). Das Hausbankprinzip ist insofern sinnvoll, als bei langfristigen Geschäftsbeziehungen Informationsasymmetrien reduziert und eine Vertrauensbasis besser aufgebaut werden können.[362]

Gründe	**2007**	**2010**
	In % aller Unternehmen, die einen Kredit gesucht haben	
Unternehmen war bereits Kunde	93	93
Lokale Bankfiliale (regionale Nähe)	36	47
Bank hat beste Zinskonditionen	17	20
Bank hat beste allgemeine Konditionen	24	20
Bank hat sich auf kleinere Unternehmen spezialisiert	6	5
Bankfiliale war für ein gutes Kundenverhältnis bekannt	19	19

Tabelle 19: Für KMU relevante Faktoren bei der Auswahl von Kreditinstituten[363]

7.2 Auswahl von Kreditinstituten durch KMU

Kreditinstitute stellen sich in der Öffentlichkeit vielfach als Partner des Mittelstandes dar. Belegt werden kann dieser Leitsatz jedoch besonders gut bei den Volks- und Raiffeisenbanken. Diese geben KMU die Möglichkeit, als Mitglied bzw. Teilhaber aufzutreten und somit die Politik der Bank zu beein-

[361] Vgl. Kolbeck/Wimmer, 2002, S. 38 f.

[362] Vgl. Reinemann, 2011, S. 133.

[363] In Anlehnung an Bundesamt für Statistik, 2011, S. 19.

flussen sowie von den erzielten Gewinnen zu profitieren.[364] Aber auch die Sparkassen verstehen sich traditionell als Partner mittelständischer Unternehmen. Daher engagieren diese sich beispielsweise auch stärker im Bereich Existenzgründung als die Kreditbanken.

Auf Grund des Regionalprinzips ist die Entwicklung der Sparkassen und der Volksbanken stets eng mit der Entwicklung der jeweiligen Region verbunden. Durch die geografische Nähe sind die Entscheidungsträger direkt vor Ort, was den Kreditvergabeprozess und eventuelle Wartezeiten für die Kunden verkürzt.[365] Besonders für KMU ist dies von zentraler Bedeutung. Durch den Rückzug der privaten börsennotierten Geschäftsbanken aus ländlichen Regionen sind Sparkassen sowie Volks- und Raiffeisenbanken insbesondere für Kleinst- und Kleinunternehmer oftmals die einzige Quelle für Bankkredite. Obgleich die Postbank ein engmaschiges Filialnetz aufweisen kann, besteht dieses zumeist aus örtlichen Postannahmestellen, die keine qualifizierten Bankdienstleistungen anbieten.[366]

Das Hausbank- sowie das Regionalprinzip sind für KMU von großer Bedeutung. Langfristige Kundenbeziehungen können vor allem die Volksbanken und Sparkassen aufweisen. Als Wettbewerbsvorteile bei der Finanzierung von Kleinst- und Kleinunternehmen können Sparkassen sowie Volks- und Raiffeisenbank vor allem traditionelle Geschäftsbeziehungen, die räumliche Nähe sowie schnelle Entscheidungswege vor Ort geltend machen. Dagegen spielen Großbanken bei der Finanzierung größerer mittelständischer Unternehmen eine zentralere Rolle.

[364] Vgl. Hanker, 2007, S. 146.

[365] Vgl. Hanker, 2007, S. 146.

[366] Vgl. Koop/Maurer, 2006, S. 35 ff.; Expertengespräch mit Wolfgang Dehen, Volksbank Trier eG.

8 Förderinstitute für KMU in Deutschland

Bei der Vergabe von Fördermitteln für den Mittelstand orientieren sich die Förderinstitutionen an der Einteilung der KMU nach den Kriterien der Europäischen Kommission.[367] Für KMU existieren zahlreiche Förderprogramme. Um einen Überblick über diese zu bieten, werden nachfolgend zunächst typische Programme der Europäischen Union vorgestellt, die für KMU insbesondere Kapital für den Umweltschutz, den Verkehr sowie Forschung und Entwicklung anbieten. Darüber hinaus werden die Fördermöglichkeiten seitens des Bundes und der Länder aufgezeigt. Diese Hilfen erfolgen unter anderem über Steuerbegünstigungen, Beteiligungs- bzw. Venture Capital sowie Unterstützungen bei Messen oder Schulungen.

8.1 Europäische Union

Die Europäische Charta für KMU wurde als Bestandteil der Lissabon-Strategie[368] der EU im Jahre 2000 veröffentlicht. In ihr wurden Aktionslinien festgelegt, die zu einer Verbesserung der Rahmenbedingungen von KMU in Europa beitragen sollten.[369]

Infolge dieser Strategien setzte sich die EU durch den Small Business Act (SBA) nochmals verstärkt für den Abbau bürokratischer Hürden ein. Wesentliche EU-Förderprogramme wurden anlässlich des SBA für die Zeitspanne der Jahre 2007 bis 2013 stark auf KMU ausgerichtet.[370] Die ins Rahmenprogramm „Wettbewerbsfähigkeit und Innovation" integrierten Finanzierungsinstrumente sollen einen besseren Zugang zur Finanzierung schaffen, indem Wagniskapitalanlagen erleichtert und Kreditbürgschaften gestellt werden.[371]

Als weitere Förderungsinstrumente der EU werden Beteiligungskapital, Darlehen, Zuschüsse, Garantien und Bürgschaften sowie eine Vielzahl nichtfinanzieller Maßnahmen eingesetzt. Die Kriterien dieser Programme oder För-

---

[367] Vgl. hierzu Kapitel 2.1.

[368] Die Lissabon-Strategie hatte das Ziel, die EU als dynamischsten sowie wettbewerbsfähigsten Wirtschaftsraum bis Ende des Jahres 2010 zu gestalten. Der Erfolg dieser Strategie blieb jedoch aus.

[369] Vgl. Keuper/Schunk, 2011, S. 75.

[370] Vgl. Kommission der Europäischen Gemeinschaft, 2008, S. 3.

[371] Vgl. Europäische Kommission, 2011, S. 3.

derinstrumente sind dabei klar definiert und müssen von KMU stets erfüllt und eingehalten werden.[372]

Eine genauere Betrachtung der Übersicht „Programmes for SMEs der European Commission" zeigt, dass für KMU hauptsächlich Förderprogramme mit dem Schwerpunkt Umweltschutz, Verkehr, Forschung und Entwicklung existieren:[373]

- Das Programm „Life +" finanziert Konzepte zu den Themen Natur und Artenreichtum, Umweltpolitik sowie nachhaltige Nutzung von Ressourcen.
- Erneuerbare Energien sowie Energieeffizienz werden durch das Förderprogramm „Intelligente Energie für Europa" (IEE) subventioniert.
- Das Programm „Marco Polo" dient Vorhaben des Güterverkehrs mit dem Vorsatz der Entlastung von Straßen.
- Das siebte Rahmenprogramm für Forschung und technologische Entwicklung (FP7) finanziert verschiedene Bereiche von KMU in Form der Programme „Co-operations", „Ideas", „People" und „Capacities".

KMU stehen indirekte EU-Fördermittel aus Strukturfonds, wie dem „European Development Fund" (ERDF) oder dem „European Social Fund" (ESF), zur Verfügung. Der ERDF eignet sich besonders für KMU, da hier sowohl die Wettbewerbsfähigkeit, lokale Entwicklungsprojekte als auch Infrastrukturmaßnahmen gefördert werden. Die Ausgestaltung der indirekten Art der EU-Förderung obliegt im Einzelnen den Nationalstaaten.[374]

8.2 Bund und Bundesländer

Die Hilfen für KMU seitens der Bundesregierung reichen von Steuerbegünstigungen in Folge der Konjunkturpakete I und II bis hin zu Förderprogrammen für Existenzgründer, für Investitionen, für Umwelt, für Bürgschaften und Beteiligungs- bzw. Venture Capital. Ebenso werden Messen, Schulungen, Beratungen sowie arbeitsmarktpolitische Maßnahmen gefördert. Zudem werden Kredite durch Haftungsfreistellungen, Bürgschaften oder Garantien für KMU

[372] Vgl. Kollmann, 2009, S. 110.
[373] Vgl. European Commission, 2012, S. 3 ff.
[374] Vgl. hierzu vertiefend European Commission, 2012, S. 3 ff.

ermöglicht.[375] Existenzgründer werden besonders durch Kredite aus öffentlichen Mitteln, Sondervermögen, Zinsbeihilfen sowie Bürgschaften unterstützt. Erstere werden von der KfW-Bankengruppe, der Bundesagentur für Arbeit sowie verschiedenen Landesinstituten ausgegeben.[376]

Die Politik kann eine wertvolle Unterstützung bei der Finanzierung von KMU bieten. Bereits bestehende Förderungsmaßnahmen von Förder- bzw. Sonderkreditinstituten können ausgedehnt oder geeignete Fund-Strukturen unterstützt werden. „Die neue Hightech-Strategie Innovationen für Deutschland" Politik der deutschen Bundesregierung bspw. will die innovationsfreundlichen Rahmenbedingungen in Deutschland verbessern. In dieser Strategie wird vor allem für junge Unternehmen der Versuch unternommen, ausreichende Finanzierungsmöglichkeiten zu schaffen.[377]

Die in öffentlicher Hand befindliche Kreditanstalt für Wiederaufbau (KfW) ist das bekannteste Sonderkreditinstitut in Deutschland. Die Kreditvergabe erfolgt hier über die Geschäftsbanken, die damit die hauptsächliche Abwicklung der Kreditvergabe in Form der Kreditbearbeitung sowie die technische Darlehensabwicklung zu bewerkstelligen haben. Die letzte Instanz bildet dabei stets die KfW, die final über die Vergabe eines Darlehens entscheidet und dieses anschließend refinanziert.[378] Das Förderangebot der KfW kann in drei Bereiche gegliedert werden. Der erste Bereich bietet den KMU Fremdkapital in Form langfristiger und zinsgünstiger Investitionskredite sowie finanzielle Mittel zu günstigen Konditionen an. In der Sektion der Mezzanine-Finanzierung werden KMU Nachrangdarlehen angeboten. Zudem bietet die KfW Beteiligungsfinanzierungen an.[379]

Eine langfristige und nachhaltige Erleichterung der Finanzierungssituation von KMU verspricht das vom Bund initiierte „European Recovery Program"-Beteiligungsprogramm. Durch den Einsatz von auf den Mittelstand spezialisierten Beteiligungsgesellschaften sollen KMU aus allen Branchen gefördert

[375] Vgl. Bundesministerium für Wirtschaft und Technologie, 2009, S. 5 ff.
[376] Vgl. Perridon/Steiner/Rathgeber, 2009, S. 415.
[377] Vgl. Bundesministerium für Bildung und Forschung, 2014, S. 40 f.
[378] Vgl. Zantow/Dinauer, 2011, S. 204.
[379] Vgl. Reinemann, 2011, S. 152.

werden. Diese Gesellschaften wurden seit dem Erlass von fast allen Bundesländern gegründet.[380]

Die Investitions- und Strukturbank Rheinland-Pfalz (ISB) stellt bspw. das zentrale Förderinstitut des Bundeslandes Rheinland-Pfalz dar. Die ISB bietet rheinland-pfälzischen KMU das gesamte Leistungsspektrum der Wirtschaftsförderung und Investitionshilfe an. Zu den Dienstleistungen zählen unter anderem anlassbezogene Förderungen wie Beratungs-, Ausbildungsplatz- oder Messeförderung. Erstere lassen sich wiederum in die Programme für Existenzgründer, den Mittelstand sowie BITT[381] gliedern. Zusätzlich werden Unterstützungsleistungen beim Zugang zur Unternehmensfinanzierung angeboten.

Die Förder- und Finanzierungsinstrumente können sowohl Eigen- als auch Fremdkapitalcharakter aufweisen oder Kreditsicherheiten wie Bürgschaften sein. Förderinstrumente mit Eigenkapitalcharakter sind das Beteiligungskapital bzw. Venture Capital, Zuschüsse sowie Mitarbeiterbeteiligungen. Beteiligungen der ISB, aber auch anderer Förderbanken, werden den KMU für Investitionsprojekte, Gründungen, Betriebsübernahmen oder beim Ausscheiden von Gesellschaftern zur Verfügung gestellt. Die Bereitstellung des Kapitals erfolgt in Form der stillen Beteiligung über eine Laufzeit von zehn Jahren. Das Volumen ist in der Regel auf eine Millionen Euro begrenzt. Als Kapitalkosten fällt zunächst eine einmalige Bearbeitungsgebühr (1%) an. Hinzu kommt das feste Bearbeitungsentgelt (7,5% p.a.) sowie ein gewinnabhängiges Beteiligungsentgelt (2%). Venture Capital Beteiligungen der ISB zeichnen sich durch die Förderung innovativer Projekte aus, die vorzugsweise die Entwicklung oder Markteinführung neuer Produkte, Produktionsverfahren oder Dienstleistungen betreffen. Die Kapitalbereitstellung erfolgt hier in einer Kombination aus einer offenen und einer stillen Beteiligung über eine Laufzeit von zehn Jahren. Das Beteiligungsentgelt ist abhängig vom jeweiligen Projekt und dessen Rahmenbedingungen.

---

[380] Vgl. Gündel/Katzorke, 2007, S. 97.

[381] Das Förderprogramm „Beratung, Innovation, Technologie-Transfer" (BITT) unterstützt die IHK Pfalz, KMU externe technologieorientierte Beratungsleistungen anbieten zu können.

Die Unterstützung der ISB in Form von Zuschüssen erfolgt vorwiegend in Form der einzelbetrieblichen Technologieförderung „InnoTop“. Beim Mitarbeiterbeteiligungsprogramm der ISB handelt es sich um ein einfaches Instrument, das als FondsRLPplus bezeichnet wird und ein Mitarbeitergenussrecht mit einem ISB-Nachrangdarlehen kombiniert. Die maximale Beteiligungshöhe ist auf 0,5 Millionen Euro begrenzt. Des Weiteren existieren Instrumente mit Fremdkapitalcharakter aus dem zinsgünstigen Darlehen. Schließlich können Kreditsicherheiten in Form von Bürgschaften oder Garantien erfolgen. Ferner bietet die ISB standortrelevante Angebote an, die das Standortmarketing und die Betriebsansiedlung betreffen. Zudem werden Handels- und Kooperationsförderungen unterstützt.[382]

Innerhalb der Gründungsphase eines Unternehmens sind öffentliche Fördermittel von existentieller Bedeutung. Auf Grund der 2012 gesetzlich verankerten Ausgabenbremse, verschärfter EU-Richtlinien sowie verstärkter Wettbewerbsregeln werden Fördermittel lediglich unter strengen Vorgaben vergeben. Angesichts dessen müssen sich mittelständische Unternehmen bereits früh mit den Bedingungen der Vergabe vertraut machen und gezielt nach einem geeigneten Finanzierungsmittel suchen.[383]

Zu den politisch bedeutendsten Bestimmungen der letzten Jahre im Bereich der Finanzierungshilfen für KMU zählt die Verlängerung der Laufzeit des seit 2005 bestehenden High-Tech-Gründerfonds. Dieser setzt sich aus einer öffentlich-privaten Partnerschaft zusammen und stellt jungen, technologieintensiven Start-up-Unternehmen Risikokapital zur Verfügung. Zudem können Kleinst- und Kleinunternehmen seit dem Jahr 2010 auf eine nicht zugangsbeschränkte Finanzierungsalternative in Form des deutschen Mikrokreditfonds zurückgreifen.[384] Der Fond wurde von der Bundesregierung und der Europäischen Union zur Sicherung der Kreditvergabe an Kleinst- und Kleinunternehmen mit 100 Millionen Euro ausgestattet und dient dem Ziel, die Mikrofinanzierung attraktiver zu gestaltet. Eine Kreditvergabe erfolgt durch die Bochumer GLS Bank innerhalb eines kooperativen Modells, das

[382] Vgl. Klee, 2011, S. 2 ff.

[383] Vgl. Grunow, 2010, S. 12.

[384] Vgl. Europäische Kommission, 2011(b), S. 9.

heißt auf Empfehlung von Mikrofinanzierern. Die besonderen Merkmale der Mikrofinanzierung sind die Begrenzung des Kreditbetrages auf 20.000 Euro, die maximale Laufzeit von drei Jahren sowie der Verzicht auf banküblicheSicherheiten.[385] Infolgedessen ist diese Finanzierungsalternative besonders für Kleinst- und Kleinunternehmen geeignet, die keinen Zugang zu Bankfinanzierungen haben. Für größere Finanzierungen wird künftig der Ausbau einer Mikrofinanzierungsorganisation in Erwägung gezogen. Die Förderung von begünstigten Mezzanine-Finanzierungsinstrumenten soll so angeregt werden.[386]

[385] Vgl. Bundesministerium für Arbeit und Soziales, 2010, S. 1 f.

[386] Vgl. Forschungsgemeinschaft für Außenwirtschaft, Struktur- und Technologiepolitik e. V., 2009, S. 41 f.

9 Künftige Bedeutung alternativer Finanzierungsinstrumente

Nachdem vorstehend sowohl klassische als auch alternative Finanzierungsinstrumente, die für KMU besonders gut geeignet sind, erläutert wurden, wird in diesem Kapitel eine Prognose zur Entwicklung bestimmter Instrumente vorgenommen. Dabei wird zunächst auf die Problematik der Standard-Mezzanine eingegangen. Ferner wird die zukünftige Bedeutung des klassischen und häufig angewendeten Bankkredits diskutiert. Der Abschluss dieses Kapitels bildet die Vorstellung dreier verschiedener Finanzierungsinstrumente, deren Bedeutung – nach Auffassung der Verfasser – künftig zunehmen wird.

9.1 Standard-Mezzanine

Die Entwicklung von Standard-Mezzaninen war an die Zielsetzung gekoppelt, auch mittelständischen Unternehmen die Vorteile der Mezzanine-Finanzierung besser zugänglich zu machen. Der Zugang zu Mezzanine-Kapital sollte standardisiert und vereinfacht werden. Auch wenn die umfangreichen Bonitätsprüfungen zu einer erschwerten Kapitalaufnahme führten, konnten dieser Prozess und die Konditionen im Rahmen der Standardisierung vereinfacht werden. Die bereits thematisierte Finanzkrise setzte dem Aufschwung dieser Finanzierungsform 2008 ein Ende.[387]

In den Jahren 2011 bis 2014 laufen bzw. liefen viele Standard-Mezzanine-Finanzierungen aus. Nach Ablauf der Programme besteht für die Unternehmen die Möglichkeit, eine Prolongation oder eine ratierliche Tilgung auszuhandeln. Dabei ist eine Anschlussfinanzierung unverzichtbar, die seitens der KMU durch Liquidität und Schuldenkapazität geprägt ist.[388]

Gegen Ende des Jahres 2010 schätzte die Mehrheit der Unternehmen ihre Refinanzierungssituation bezüglich Standard-Mezzanine positiv ein. Die Betriebe gingen davon aus, dass sie eine Refinanzierung entsprechend ihren Vorstellungen seitens der privaten Finanzwirtschaft erhalten. Eine Vielzahl der KMU strebt überdies die Refinanzierung aus dem laufendem Cash-Flow bzw. durch Innenfinanzierung an. Insbesondere das Leasing wird in Verbin-

---

387 Vgl. Reinemann, 2011, S. 151.

388 Vgl. Reinemann, 2011, S. 151 f.

dung mit dem langfristigen Bankkredit als Refinanzierungsinstrument für Standard-Mezzanine in Erwägung gezogen. Die Beibehaltung der Eigentümerstruktur bleibt so gewährleistet, was als wichtiges Kriterium bei der Auswahl der Anschlussfinanzierung gilt.[389] Die Entwicklung und der Einsatz neuer Rahmenbedingungen bezüglich der Finanzierung von KMU durch Standard-Mezzanine können dazu führen, dass die Bedeutung und Anwendung dieses Finanzierungsinstrumentes negativ bzw. positiv beeinflusst werden kann.

9.2 Zukünftige Entwicklung des Bankkredites

Bestimmte Entwicklungen können den Spielraum der Banken bei der Kreditvergabe einschränken. Diesbezüglich werden künftig besonders die Richtlinien von Basel III eine Rolle spielen. Als Gefahrenpunkte der Einführung dieser Reform gelten neben den eingeschränkten Kreditvergabemöglichkeiten die Versteuerung der Kredite des Mittelstands sowie die Förderung der Kurzfristkultur bei der Kreditvergabe.[390]

Darüber hinaus erschweren die seit 2010 andauernde Staatsschuldenkrise in der Eurozone und die schwache Entwicklung der Konjunktur die Kreditvergabe an KMU zusätzlich. Basierend auf Modellrechnungen für das Jahr 2012, müssen insbesondere bonitätsschwache KMU mit einem restriktiveren Kreditvergabeverhalten seitens der Banken rechnen.[391]

Trotz der zunehmenden Bedeutung alternativer Finanzierungsinstrumente nehmen die Innen- und die Kreditfinanzierung in der Finanzierungsstrategie von KMU eine zentrale Rolle ein. Mit einer grundlegenden Änderung der bisherigen Finanzstruktur ist keineswegs zu rechnen. Die mit den klassischen Instrumenten verbundene Autonomie der Unternehmen gegenüber externen Geldgebern überwiegt bei der Entscheidung. Zu erklären ist dies durch die positiven Erfahrungen, die KMU in Bezug auf die mit diesen Instrumenten verbundene Unabhängigkeit gemacht haben.[392]

---

[389] Vgl. Hommel, 2010, S. 59 ff.

[390] Vgl. Sparkassenverband Rheinland-Pfalz, 2011, S. 3 f.

[391] Vgl. KfW-Bankengruppe, 2011, S. 65 ff.

[392] Vgl. Reinemann, 2011, S. 154.

Die zunehmende Fokussierung der privaten Geschäftsbanken auf das Investmentbanking begünstigt die anwachsende Kapitalmarktorientierung von Unternehmen.[393] Dieser Effekt wird durch die immer kurzfristigere Refinanzierung der Banken selbst verstärkt. Dies kann die Inanspruchnahme kurzfristigerer Bankfinanzierungen seitens der Kleinst- und Kleinunternehmen sowie die verstärkte Kapitalmarktorientierung bei mittelständischen Unternehmen zur Folge haben.

Der traditionelle Zahlungsverkehr über die Banken ermöglicht die Nutzung verschiedener Finanzierungsinstrumente. Die einfachste Form hierbei ist der Kontokorrentkredit. Gleichwohl wird die Abwicklung des Zahlungsverkehrs zunehmend standardisiert. Dies geschieht z. B. durch die Single Euro Payments Area (SEPA). Dadurch wird die Notwendigkeit von Banken im Zahlungsverkehr abnehmen. Die Banken steuern dieser Situation entgegen, indem sie die Abwicklung des gesamten Zahlungsverkehrs, inklusive Rechnungsservice und Aufbewahrungsfristen, für die Unternehmen übernehmen. Durch diesen Service versuchen sie, sich als Dienstleister am Markt zu positionieren.[394]

9.3 Alternative Finanzinstrumente für KMU

Mittelständische Unternehmen können durch die direkte Verbriefung an den Kapitalmärkten die Kreditinstitute umgehen. Dieser Prozess wird als Disintermediation bezeichnet.[395] Zudem gewinnen bisher von KMU außer Acht gelassene Instrumente an Bedeutung. Mehrere Alternativen werden daher nachfolgend vorgestellt.

9.3.1 Crowdfunding

Verschiedene Internetplattformen bieten Kapitalnachfragern die Möglichkeit, mit interessierten privaten Anlegern zusammenzufinden.[396] In Deutschland gehören hier die Seedmatch GmbH für Beteiligungskapital sowie die smava GmbH für Kredite zu den bekanntesten Internetplattformen. Diese spezielle Form der Finanzierung wird als Crowdfunding bezeichnet und kann als Teil

---

[393] Vgl. Kolbeck/Wimmer, 2002, S. 40.

[394] Vgl. Expertengespräch Volksbank Trier eG.

[395] Vgl. Reinemann, 2011, S. 134.

[396] Vgl. Reinemann, 2011, S. 133.

des Crowdsourcings gesehen werden. Beide Finanzierungsinstrumente generieren dabei Wertschöpfung, indem sie die „Masse“ bzw. „Menschenansammlungen“ (Crowd), die aus Freiwilligen als Quelle (engl. source) bestehen, nutzen.[397]

Das Crowdfunding hat dabei das Ziel, monetäre sowie nicht-monetäre Unterstützung von der Crowd zu erhalten, um Projekte finanzieren zu können. Prinzipiell stellt diese Vorgehensweise kein neues Phänomen dar, es wird lediglich das Internet als Kommunikationskanal genutzt, um Kontakte zu knüpfen und die Koordination von Aktivitäten weltweit zu ermöglichen.

Internetbasierte Crowdfundingangebote haben sich allgemein auf die Vergabe von Krediten oder auf die Bereitstellung von Beteiligungskapital spezialisiert. Das Crowdfunding kann von vielen Unternehmensformen genutzt werden und bietet vor allem für Existenzgründungen bzw. junge und wachstumsorientierte Unternehmen Anreize. Im Rahmen der Hightech-Strategie der deutschen Bundesregierung sollen verlässlichere Rahmenbedingungen für das Crowdfunding geschaffen werden. Bezügliche Regelungen werden den Begebenheiten der mit Crowdfunding finanzierten, vor allem jungen Unternehmen, unter Rücksichtnahme des Anlegerschutzes ausgerichtet.[398]

9.3.2 Unternehmensanleihen

Unternehmensanleihen stellen Inhaberschuldverschreibungen dar, bei denen Unternehmen festverzinsliche Anleihen ausgeben, um ihre Liquidität zu festigen. Im Vergleich zu Staatsanleihen können mit Unternehmensanleihen höhere Renditen erzielt werden.

In Deutschland können wenige Emittenten, die Unternehmensanleihen an den Börsen ausgeben, den KMU zugerechnet werden. Zwar stellen einzelne Börsen eine Finanzierungsplattform für mittelständische Unternehmen dar, jedoch sind die Kapitalkosten, die mit der Platzierung einer Anleihe mit kleinen Emissionsvolumina verbunden sind, für die meisten KMU zu hoch.

Grundsätzlich stellen Unternehmensanleihen nicht nur für Großunternehmen, sondern auch für etablierte mittelständische Unternehmen ein denkbares Fi-

[397] Vgl. hierzu und im Folgenden Kaltenbeck, 2011, S. 5 ff.

[398] Vgl. Bundesministerium für Bildung und Forschung, 2014, S. 41.

nanzierungsinstrument dar. Tatsächlich gewinnt diese Alternative bei KMU im Vergleich zum klassischen Bankkredit zunehmend an Bedeutung. Die Vorteile liegen insbesondere in der Möglichkeit der Wachstumsfinanzierung sowie in der Unabhängigkeit gegenüber den Banken. Die Anleihen mittelständischer Unternehmen werden seit einigen Jahren hauptsächlich durch die Unternehmen selbst und mit vergleichsweise kurzen Laufzeiten emittiert. Positive Praxisbeispiele sind hier der Fleisch- und Wurstwarenhersteller Zimbo GmbH & Co. KG mit Sitz in Bochum oder die Ernst Klett Verlag GmbH mit Sitz in Stuttgart.[399] Die zunehmende Bedeutung der Unternehmensanleihe für KMU ist auch am gestiegenen Angebot an Marktplätzen erkennbar. Die Börse Düsseldorf bietet bspw. den sogenannten Mittelstandmarkt an, der mittelständischen Unternehmen die Ausgabe von Unternehmensanleihen ermöglicht. Die Voraussetzungen, um das Angebot in Anspruch nehmen zu können, sind ein Emissionsvolumen von mindestens zehn Millionen Euro, ein Mindest-Rating von BB sowie Berichts- und Informationsfolgepflichten.[400] Gelistete mittelständische Unternehmen nach qualitativen Kriterien sind bspw. die Katjes International GmbH & Co. KG, die Semper idem Underberg GmbH oder die Valensina GmbH.

Kleinst- und Kleinunternehmen bewerten die Unternehmensanleihe als nahezu bedeutungsloses Finanzierungsinstrument. Begründet werden kann dies durch die hohen Fixkosten sowie die vorgeschriebenen Mindestvolumina, die für die Emission einer Unternehmensanleihe nötig sind. Aktuell weisen lediglich mittlere Unternehmen und Großunternehmen der Unternehmensanleihe eine höhere Bedeutung zu.[401] Mittelständische Unternehmen sind zudem laut einer Studie der Börse Stuttgart davon überzeugt, dass dieses Instrument besonders für den Mittelstand an Attraktivität gewinnen wird.[402]

Eine außerbörslich gehandelte Unternehmensanleihe eines großen mittelständischen Unternehmens stellt die Anleihe der Wiener Feinbäckerei Hebe-

[399] Vgl. Reichling/Beinert/Henne, 2005, S. 189 ff.
[400] Vgl. Börse Düsseldorf AG, 2013, S. 4 ff.
[401] Vgl. Zimmermann/Steinbach, 2011, S. 86.
[402] Vgl. Börse Stuttgart, 2011, S. 1.

rer GmbH dar. Im Rahmen der Investitionsplanung und der Tilgung von Bankverbindlichkeiten emittierte die GmbH diese Anleihe. Diese mit einem Festzins von 7% ausgestattete Anleihe besitzt ein mögliches Volumen von 12 Millionen Euro mit einer Laufzeit von fünf Jahren und hat deutsche Privatinvestoren als Zielgruppe. Die Wiener Feinbäckerei Heberer GmbH verfolgt nach eigenen Angaben das Ziel, sich unabhängig von Bankkrediten zu finanzieren.[403] Die Bewertung der Finanzierung durch eine Anleiheemission kann der tabellarischen Auflistung entnommen werden.

Finanzierung durch Anleihemission		
Voraussetzungen	**Erfüllung der Anforderungen KMU**	**Note**
• Mindestvolumen von 250.000 EUR für in der Regel weit höheres Mindestvolumen für wirtschaftliche Anwendung • Rating der Anleihe durch externe Gesellschaft • Stabiler wirtschaftlicher Ausblick und erfolgreiche Unternehmenshistorie	Kosten der Finanzierung Fix Variabel	 5 2
	Wirkung auf das Eigenkapital	6
	Liquiditätswirkung	5
	Verfügbarkeit	4
	Informationsanforderungen	4
	Einfluss der Kapitalgeber	2
	Dauer der Kapitalüberlassung	4
	Risikobereitschaft	4
Vorteile	**Nachteile**	
• Beschaffung großer Summen von Kapital • Kein Einfluss der Kapitalgeber • Relativ geringe variable Kosten (abhängig von Ratingeinstufung)	- Verschlechterung der EK-Quote - Liquiditätsbelastung - Hohe fixe Kosten und Anforderungen - Nicht zur Finanzierung risikoreicher Projekte geeignet	

[403] Vgl. Wiener Feinbäckerei Heberer GmbH, 2011, S. 4 ff.

Finanzierung durch Anleihemission
Motive für eine Kapitalerhöhung durch Altgesellschafter
• Aufnahme großer Summen von Fremdkapital • Diversifizierung der Kapitalgeberstruktur (viele kleine Anleger) • (Beschränkte) Öffentlichkeitswirkung durch öffentliche Hand, z. B. als Vorstufe zur Aktienemission)

Tabelle 20: Bewertung Anleiheemission[404]

9.3.3 Börsengang

Eine Vielzahl mittelständischer Unternehmen erfüllt weder die quantitativen noch die qualitativen Kriterien der Börsenreife. Die quantitativen Kriterien umfassen Eigenschaften wie die Unternehmensgröße, zumeist am Umsatz gemessen, sowie ein überdurchschnittliches und profitables Unternehmenswachstum in der Vergangenheit sowie ein zu erwartendes Wachstum in der Zukunft. Der Mindestumsatz variiert je nach Auswahl des Börsenplatzes und des Börsensegments und ist demnach im Einzelfall zu prüfen. Qualitative Kriterien definieren sich hauptsächlich über die Marktposition des Emittenten innerhalb seiner Branche sowie über die Qualität des Management-Teams.[405]

Wann ein mittelständisches Unternehmen die erforderlichen Kriterien für einen Börsengang aufweist, ist nicht eindeutig geklärt. Zunächst müssen dafür die quantitativen und qualitativen Kriterien erfüllt sein. Die quantitativen Mindestanforderungen von einem Umsatzvolumen in Höhe von circa 50 Millionen Euro und einem Emissionsvolumen von circa 30 Millionen Euro können die meisten mittelständischen Betriebe nicht erfüllen. Zudem sollten betriebswirtschaftlich positive Kennzahlen die Leistungsfähigkeit eines Unternehmens untermauern. Die qualitativen Merkmale wie übersichtliche Unternehmensstrukturen, eine gewisse Qualität des Rechnungswesens und des

[404] In Anlehnung an Müller/Brackschulze/Mayer-Friedrich, 2011, S. 273.
[405] Vgl. Achleitner/von Einem/von Schröder, 2004, S. 34.

Controllings sowie eine Publizitätsbereitschaft stellen die größten Hürden für mittelständische Unternehmen dar.[406]

Darüber hinaus ist entscheidend, ob das Unternehmen für die Marktteilnehmer interessant ist und welcher Preis für ausgegebene Anleihen zu erwarten ist. Des Weiteren bilden sowohl einmalige als auch laufende Kosten Hindernisse, die einkalkuliert und nicht unterschätzt werden sollten. Diese bestehen aus der Emissionsbegleitung, der Platzierung und der erforderlichen Prospekterstellung. Die Höhe der gesamten einmaligen Kosten beläuft sich auf 7% bis 10% des Emissionsvolumens. Laufende Kosten ergeben sich vornehmlich aus Publizitätsvorschriften.

Um die rechtliche Börsenreife zu erfüllen, müssen Unternehmen zwingend die Rechtsform einer AG, einer Kommanditgesellschaft auf Aktien (KGaA) oder einer GmbH & Co. KGaA aufweisen. Eine gegebenenfalls notwendige Umwandlung der Rechtsform erschwert die Anwendung dieses Finanzierungsinstrumentes für mittelständische Unternehmen zusätzlich. Börsengänge sind auf Grund der hohen Anforderungen daher nur für große mittelständische Unternehmen in Wachstumsbranchen geeignet.[407] Diese haben die Möglichkeit, Eigenkapital aufzunehmen und trotz des Börsenganges Einfluss und Kontrolle im Unternehmen zu wahren. Das Aktiengesetz beinhaltet für mittelständische Betriebe viele Perspektiven, um die erforderlichen Mehrheiten in der Hauptversammlung beziehungsweise den Einfluss auf den Aufsichtsrat zu erhalten. Hierzu zählen bspw. die Gestaltung der Unternehmenssatzung, die Auswahl der Aktiengattungen oder Stimmrechtsbeschränkungen.[408]

Den Aktienindex für KMU bildet der SDAX der Deutschen Börse Group. Dieser umfasst die 50 nach Marktkapitalisierung und Börsenumsatz größten Unternehmen der klassischen Branchen unterhalb der MDAX-Werte.[409] Ein regionales Angebot für KMU liefert die Börse Stuttgart. Hier haben mittelständische Unternehmen aus Baden-Württemberg die Möglichkeit, durch

---

[406] Vgl. hierzu und im Folgenden Schneck, 2006, S. 220 ff.
[407] Vgl. Müller/Brackschulze/Mayer-Friedrich, 2011, S. 237.
[408] Vgl. Schneck, 2006, S. 239 ff.
[409] Vgl. Pape, 2011, S. 87.

eine Listung zu attraktiven Transaktionskonditionen in den Fokus der Privatanleger zu rücken.[410]

Ein detaillierter und umfassender Einblick in die Thematik eines Börsengangs für mittelständische Unternehmen bietet Bösl.[411]

[410] Vgl. Börse Stuttgart, 2008, S. 1.
[411] Vgl. hierzu vertiefend Bösl, 2004.

10 Fazit

Im Zuge der Finanzkrise, der Neuerungen durch Basel II und III sowie des zunehmenden internationalen Konkurrenzdrucks ergeben sich für kleine und mittlere Unternehmen Schwierigkeiten bei der Inanspruchnahme der klassischen Finanzierungsinstrumente. Um im Wettbewerb bestehen zu können und den Fortbestand des Unternehmens zu sichern, sind ausreichende liquide Mittel notwendig. Der Einsatz alternativer Finanzierungsquellen und die Nutzung von Fördergeldern des Bundes, der Länder oder sonstiger Institutionen bieten in diesem Zusammenhang Möglichkeiten, Liquiditätsengpässe zu bewältigen. Trotz der Vorteile der alternativen Finanzierungsmöglichkeiten kann festgestellt werden, dass die Innenfinanzierung sowie die Kreditfinanzierung nach wie vor die beliebtesten Finanzierungsinstrumente des Mittelstandes darstellen. Zwar existieren Faktoren, die auf eine künftig restriktivere Kreditvergabe von Banken hinweisen, jedoch reichen diese nicht aus, um die hohe Bedeutung von Bankkrediten zu schmälern. Insbesondere Kleinst- und Kleinunternehmen sind weiterhin existentiell auf kurzfristiges Fremdkapital in Form von Bankkrediten, Kundenkrediten und Lieferantenkrediten angewiesen. Alternative Finanzierungsinstrumente stellen demnach lediglich eine Erweiterung der klassischen Quellen für KMU dar.

Grundsätzlich sind die Auswahl und der Einsatz von Finanzierungsquellen auf die jeweilige Unternehmenssituation bzw. den Unternehmenslebenszyklus sowie auf die Präferenzen des Inhabers abzustimmen. Unternehmen stehen vor der Herausforderung, aus der Vielzahl der Instrumente die Quellen herauszufiltern, die zum Unternehmen passen und die gewünschte Finanzierung ermöglichen. Während vor allem das Leasing und das Factoring vermehrt angewendet werden, spielen das Beteiligungs- und Mezzanine-Kapital aktuell noch keine große Rolle. Die nötigen Finanzierungsvolumina sowie die zu tragenden Kapitalkosten schränken den Einsatz alternativer Instrumente insbesondere bei Kleinst- und Kleinunternehmen ein. Darüber hinaus besteht wenig Akzeptanz für eine Einschränkung der Souveränität im Rahmen der Geschäftsführung bei der Aufnahme von Eigenkapital. Diese Einstellung ist das größte Hindernis bei der Auswahl von alternativen Instrumenten seitens der KMU. Dennoch ist ein kontinuierlicher Anstieg bei der Nutzung dieser Instrumente zu verzeichnen.

Die durch explorative Befragungen gestützte Darstellung der Finanzierungssituation von KMU bestätigt die in diesem Buch vorgestellte Literaturauswertung sowie die relevanten, vorgestellten Studien. Die Anwendung der Pecking-Order-Theorie bei der Auswahl der Finanzierung kann bestätigt werden. Generell muss die Entscheidung für ein geeignetes Finanzierungsinstrument unternehmensspezifisch getroffen werden. Nur so ist diese auf die individuellen Bedürfnisse des betreffenden Betriebs und der Geschäftsinhaber abzustimmen. Darüber hinaus ist eine Gewichtung der Vor- und Nachteile empfehlenswert, da vereinzelte Instrumente den übergeordneten Unternehmensziele zuwiderlaufen. Letztendlich ist im Rahmen der Finanzierung von KMU, insbesondere bei Familienunternehmen, die Wahrung der Autonomie von zentraler Bedeutung.

Anhang

Anhang I: Auswirkungen auf die Wahl der Rechtsform

Rechtsform / Merkmale	Einzel-unternehmen	OHG	KG	Stille Gesellschaft	AG	GmbH	Genossenschaft
Rechtsgrundlage	§§ 1 – 104 a HGB	§§ 105 – 160 HGB	§§ 161 – 177 a HGB	§§ 230 – 237 HGB	AktG	GmbHG	GenG
Leitungsrechte	Eigentümer	Alle oder ein(zelne) Gesellschafter (§ 114)	Komplementär(e) (§ 164)	Stiller G. üblicherweise ausgeschlossen (§ 230 Abs. 2)	Vorstand (§ 76 Abs. 1)	Geschäftsführer; Weisungsrecht der Gesellschaftsversammlung (§ 45)	Vorstand, satzungsgemäße Beschränkung möglich (§ 27)
Kontrollrechte	Eigentümer	Alle Gesellschafter	Volle K.-rechte für Komplementäre; beschränkte für Kommanditisten (§ 166)	Volle Kontrollrechte für Inhaber; beschränkte für stillen G. (§ 233)	Volle Kontrollrechte für AR (§111); beschränkte Informationsrechte für HV	Volle Kontrollrechte für Gesellschafterversammlung	Volle Kontrollrechte für Aufsichtsrat; beschränkte für Generalversammlung
Haftung	Uneingeschränkt (mit Betriebs- und Privatvermögen)	Uneingeschränkt für alle Gesellschafter als Gesamtschuldner (§ 128)	Uneingeschränkt für Komplementäre; eingeschränkt für Kommanditisten	Uneingeschränkt für Inhaber; Stiller G. wird Insolvenzgläubiger (§ 236)	Uneingeschränkt für Gesellschaft; eingeschränkt für Aktionäre (§ 1)	Uneingeschränkt für Gesellschaft; eingeschränkt für Gesellschafter	Uneingeschränkt für Genossenschaft; eingeschränkt für Mitglieder; ggf. Nachschusspflicht
Mindesteigenkapital	Keine Vorschrift	Keine Vorschrift	Keine Vorschrift	Keine Vorschrift	50.000 € (§ 7)	25.000 € (§ 5)	Keine Vorschrift
GuV-Verteilung	Eigentümer	Nach Gesellschaftsvertrag; Sonst nach § 121	Nach Gesellschaftervertrag; sonst nach § 168	Stiller G. muss am Gewinn, kann am Verlust beteiligt werden (§ 231)	Gleichmäßig auf Stammaktien; Sonderregelung für Vorzugsaktien (§ 60)	Nach Gesellschaftsvertrag; sonst nach Stammkapitalanleihen (§ 29)	Nach Satzung; sonst nach Geschäftsguthaben (§ 19)

Merkmale / Rechtsform	Einzel-unternehmen	OHG	KG	Stille Gesellschaft	AG	GmbH	Genossenschaft
Entnahmebeschränkung	Keine	Nach Gesellschafts-vertrag; Sonst nach § 121	Nach Gesellschafter-vertrag; sonst nach § 169	Gewinnanteil ggf. gekürzt um Verlustvortrag (§ 232)	Gewinnthesaurierung durch Vorstand zulässig (§ 58 Abs. 2)	Nach Gesellschafts-vertrag möglich (§ 29)	Nach Satzung möglich (§ 19)
Finanzierungs-möglichkeiten	**EF** beschränkt durch Vermögen des Inhabers; **FF** beschränkt durch Kreditwürdigkeit des Inhabers	Bessere Finanzierungsmöglich-keiten als EU, da mehrere Vollhafter	Bessere Finanzierungsmöglich-keiten als EU und OHG, weil Teilhafter zusätzliches Kapital einbringen	Besser als EU, da stiller G. zusätzliches Kapital einbringt	Hervorragend: • Kleine EK-Anteile • Handel an Börse • Kapitalmarktzugang für **FF**	**EF**-Vorteil: Haftungs-beschränkung für Vollhafter **FF**-Nachteil: Gläubi-ger verlangen zusätzliche Sicherheiten	**EF**-Vorteil: kleiner Stückelung, **EF**-Nachteil: schwan-kende EK-Basis durch Austrittsrecht, **FF** kann durch Nachschusspflicht gestärkt werden
Publizität und Prüfung	Nicht erforderlich; Ausnahme Großunternehmen nach § 1 PublG	Wie EU	Wie EU	Wie EU	Zwingend Erleichterung für kleine und mittelgroße Gesellschaften	Zwingend	Zwingend
Unternehmerische Mitbe-stimmung für Arbeit-nehmer	Keine	Keine	Keine	Keine	**Drittelparität**, wenn mehr als 500, aber weniger als 2.000 Beschäftigte **Unterparität**, wenn mehr als 2.000 Beschäftigte **Volle Parität** für Montanbetriebe ab 1.000 Beschäftigte		

Quelle: In Anlehnung an Wöhe, 2010, S. 223

Anhang II: Bedeutung von Finanzierungsquellen je nach Unternehmensgröße

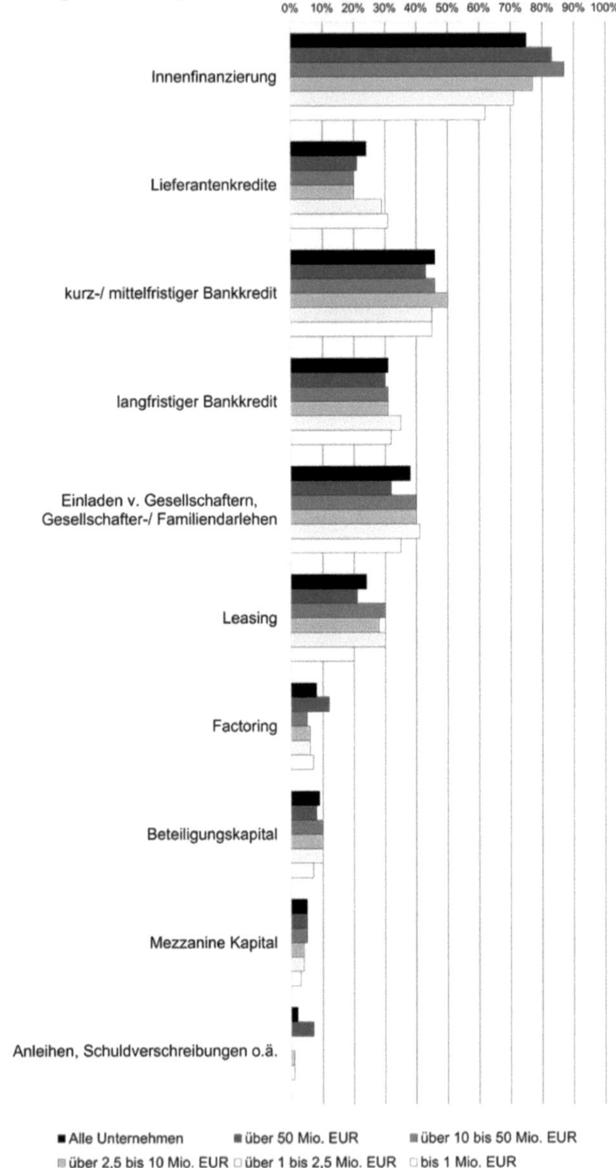

In Anlehnung an Zimmermann/Steinbach, 2011, S. 79.

Anhang III: Finanzierungsquellen KMU nach Anzahl Beschäftigter

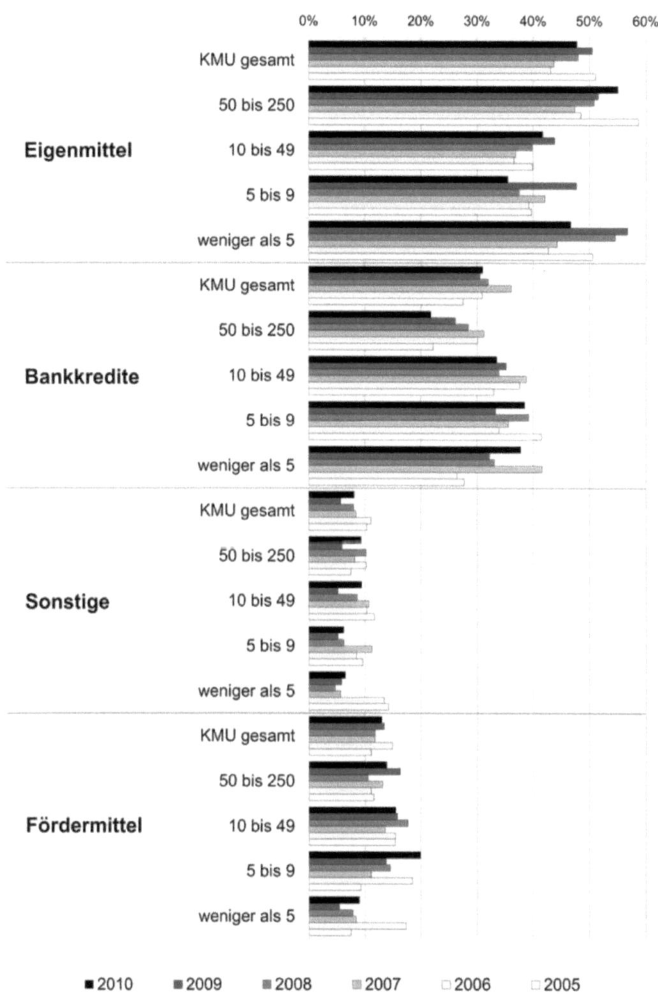

In Anlehnung an KfW-Bankengruppe, 2011, S. 54.

Anmerkung:

- Mit der Anzahl der Beschäftigten auf das mittelständische Investitionsvolumen hochgerechnete Anteilswerte
- Sonstige Quellen umfassen z. B. Beteiligungskapital und Mezzanine-Kapital

Anhang IV: Abschreibungspläne

- mit Kapitalfreisetzungseffekt

Jahr (Ende)	1	2	3	4	5	6	7	8	9	10
Maschine										
1	60	60	60	60	60	60	60	60	60	60
2		60	60	60	60	60	60	60	60	60
3			60	60	60	60	60	60	60	60
4				60	60	60	60	60	60	60
5					60	60	60	60	60	60
Jährliche Abschreibungen	60	120	180	240	300	300	300	300	300	300
Liquide Mittel	60	180	360	600	900	900	900	900	900	900
- Reinvestition					300	300	300	300	300	...
Freigesetzte Mittel	60	180	360	600	600	600	600	600	600	600

In Anlehnung an Schneck, 2006, S. 112 f.

- mit Kapazitätserweiterungseffekt

Jahr (Ende)	1	2	3	4	5	6	7	8	9	10	11
Maschine											
1	60	60	60	60	60	60	60	60	60	60	60
2		60	60	60	60	60	60	60	60	60	60
3			60	60	60	60	60	60	60	60	60
4				60	60	60	60	60	60	60	60
5					60	60	60	60	60	60	60
6						60	60	60	60	60	60
7							60	60	60	60	60
8									60	60	60
Jährliche Abschreibungen	60	120	180	240	300	360	420	420	480	480	480
Liquide Mittel	60	180	360	600	900	660	480	600	480	660	540
- Reinvestition					600	600	300	600	300	600	600
Freigesetzte Mittel	60	180	360	600	300	60	180	0	180	60	-60

In Anlehnung an Schneck, 2006, S. 112 f.

Anhang V: Kreditarten

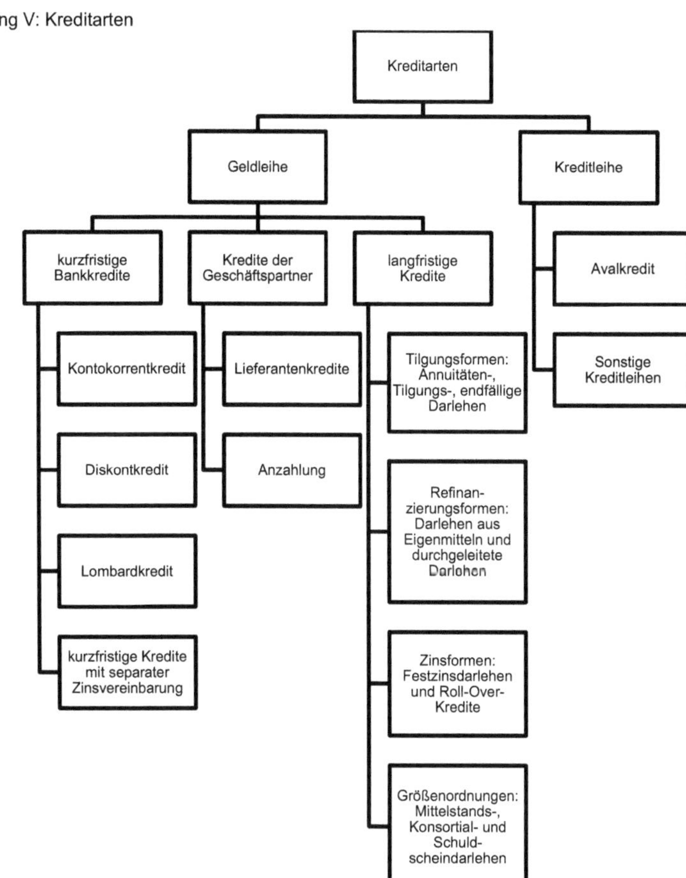

In Anlehnung an Zantow/Dinauer, 2011, S. 189.

Anhang VI: Eigenschaften von Kapital

Eigenschaften	Eigenkapital	Mezzanine-Kapital	Fremdkapital
Rechtliche Stellung	Eigentümerstellung	Mischform	Gläubigerstellung
Haftung	Höhe der Einlage	Höhe der Einlage	Keine Haftung
Geschäftsführung	Berechtigt	Ggf. Kontrollrechte	Ausgeschlossen
Informationsrechte	Hoch	Mittel	Gering
Vermögensanspruch	Quotal	Ggf. Kicker	Nein
Vergütung	Gewinnabhängig	Fix oder gewinnabhängig	Fester oder variabler Zins
Renditeerwartung	20-30 %	10-20 %	5-10 %
Risiko	Hoch	Mittel	Gering
Tilgung	Keine Tilgung	Unterschiedlich	Fest vereinbart
Laufzeit	In der Regel unbegrenzt	Lang bis unbegrenzt	Begrenzt
Kündigung	Verkauf Anteile	Ggf. Kündigungsrechte	Kündigungsrechte
Rang	Nachrangig	Nachrangig	Vorrangig
Besicherung	Keine	Keine oder Rangrücktritt	Kreditsicherheiten
Liquiditätsbelastung	Nicht fix	Flexibler gestaltet	Zins und Tilgung

In Anlehnung an Portisch, 2008, S. 220.

Anhang VII: Mögliche Factoring Angebote im Vergleich

Unternehmen mit

- Factoringumsatz p.a. = 7.400.000 EUR
- Debitorenanzahl = 45
- Rechnungen p.a. = 900
- Zahlungsziel = 30 Tage
- Durchschnittliche Finanzierung = 555.000 EUR

Bewertungsfaktoren	**Angebot I**	**Angebot II**	**Angebot III**
Factoringgebühr	0,34%	0,30%	0,44%
Zins p. a.*	3,78%	3,33%	4,55%
Einrichtungsgebühr	2.490 EUR	3.000 EUR	3.000 EUR
Auszahlungsquote	90%	90%	90%
Debitorenprüfkosten**	18 / 45 / 75 EUR	35 / 65 EUR	32 / 60 EUR
Finanzierungslinie bei Start	700.000 EUR	850.000 EUR	600.000 EUR
Maximaler Umsatz eines Debitors	variabel	bis zu 40%	bis zu 25%
Prozess bis zur Zusage	2-3 Tage	10-14 Tage	14-21 Tage
Mindest-Factoringgebühr	keine	15.000 EUR	19.200 EUR
Auditkosten	0 EUR	1.000 EUR	1.500 EUR
Bei 555 TEUR Ankaufsvolumen und 7,4 Millionen EUR Factoringumsatz p. a. ergeben sich folgende Kernkosten			
Factoringgebühr p. a.	25.160 EUR	22.200 EUR	32.560 EUR
Zinskosten p. a.	20.979 EUR	18.482 EUR	25.253 EUR
Auditkosten	0	1.000 EUR	1.500 EUR
Summe Kernkosten p.a.* **	**46.139 EUR**	**41.682 EUR**	**59.313 EUR**
Kosten in % vom Factoring-Umsatz	**0,62%**	**0,56%**	**0,80%**

* Stand 27. Februar 2012

** Zur Berechnung vereinfacht dargestellt. In der Praxis existieren gestaffelte Debitorenprüfkosten, bspw. für Debitoren im In- oder Ausland

*** exklusive einmaliger Einrichtungsgebühr

Quelle: In Anlehnung an FGM Finanzierungsgruppe Mittelstand LTD, 2012, S. 1.

Anhang VIII: Optimale Auswahl von Finanzierungsinstrumenten

	Wahl des Finanzierungsinstrumentes zur Eigenkapitalverbesserung								
Rangnummer	Kriterium / Instrument	Eigenkapital-wirkung	Risikoüber-nahme	Variable Kosten	Einfluss der Kapitalgeber	Informationsan-forderungen	Liquiditätswir-kung	Verfügbarkeit	Dauer Kapital-überlassung
1.	**Neue Gesellschafter**	**1**	2	4	5	5	1	4	1
2.	**Beteiligungsgesell-schaften**	**1**	2	5	4	5	1	4	5
3.	**Nachrangdarlehen**	**3**	3	3	2	3	4	2	4
4.	**Genussrechte**	**3**	3	3	3	4	2	3	3
5.	**Stille Beteiligung**	**4**	3	3	(flex)	4	3	3	3
6.	**Leasing**	**4**	5	2	1	2	5	1	5
7.	**Factoring**	**4**	5	4	1	1	1	2	4
8.	**Lieferantenkredite**	**5**	5	4	1	2	1	1	5
9.	**Bankkredite**	**6**	4	2	2	3	5	2	4
10.	**Anleihen**	**6**	4	2	2	4	5	5	4
11.	**Schuldscheindarlehen**	**6**	4	2	2	3	5	3	4
	Wahl des Finanzierungsinstrumentes zur Risikofinanzierung								
1.	**Neue Gesellschafter**	1	**2**	4	5	5	1	4	1
2.	**Beteiligungsgesell-schaften**	1	**2**	5	4	5	1	4	5
3.	**Nachrangdarlehen**	3	**3**	3	2	3	4	2	4
4.	**Genussrechte**	3	**3**	3	3	4	2	3	3
5.	**Stille Beteiligung**	4	**3**	3	(flex)	4	3	3	3
6.	**Bankkredite**	6	**4**	2	2	3	5	2	4

7.	**Anleihen**	6	**4**	2	2	4	5	5	4
8.	**Schuldscheindarlehen**	6	**4**	2	2	3	5	3	4
9.	**Leasing**	4	**5**	2	1	2	5	1	5
10.	**Factoring**	4	**5**	4	1	1	1	2	4
11.	**Lieferantenkredite**	5	**5**	4	1	2	1	1	5

In Anlehnung an Müller/Brackschulze/Mayer-Friedrich, 2011, S. 280 ff.

	Wahl des Finanzierungsinstrumentes zur kostengünstigen Finanzierung								
Rangnummer	Kriterium / Instrument	Eigenkapitalwirkung	Risikoübernahme	Variable Kosten	Einfluss der Kapitalgeber	Informationsanforderungen	Liquiditätswirkung	Verfügbarkeit	Dauer Kapitalüberlassung
1.	**Bankkredite**	6	4	**2**	2	3	5	2	4
2.	**Schuldscheindarlehen**	6	4	**2**	2	3	5	3	4
3.	**Anleihen**	6	4	**2**	2	4	5	5	4
4.	**Leasing**	4	5	**2**	1	2	5	1	5
5.	**Genussrechte**	3	3	**3**	3	4	2	3	3
6.	**Stille Beteiligung**	4	3	**3**	(flex)	4	3	3	3
7.	**Nachrangdarlehen**	3	3	**3**	2	3	4	2	4
8.	**Neue Gesellschafter**	1	2	**4**	5	5	1	4	1
9.	**Factoring**	4	5	**4**	1	1	1	2	4
10.	**Lieferantenkredite**	5	5	**4**	1	2	1	1	5
./.	**Beteiligungsgesellschaften**	1	2	**5**	4	5	1	4	5

	Wahl des Finanzierungsinstrumentes zur Wahrung der Unabhängigkeit								
1.	**Leasing**	4	5	2	**1**	2	5	1	5
2.	**Factoring**	4	5	4	**1**	1	1	2	4
3.	**Lieferantenkredite**	5	5	4	**1**	2	1	1	5
4.	**Bankkredite**	6	4	2	**2**	3	5	2	4
5.	**Schuldscheindarlehen**	6	4	2	**2**	3	5	3	4
6.	**Anleihen**	6	4	2	**2**	4	5	5	4
7.	**Nachrangdarlehen**	3	3	3	**2**	3	4	2	4
8.	**Genussrechte**	3	3	3	**3**	4	2	3	3
9.	**Beteiligungsgesell-schaften**	1	2	5	**4**	5	1	4	5
10.	**Neue Gesellschafter**	1	2	4	**5**	5	1	4	1
11.	**Stille Beteiligung**	4	3	3	**(flex)**	4	3	3	3

In Anlehnung an Müller/Brackschulze/Mayer-Friedrich, 2011, S. 280 ff.

Anhang IX: Interview mit Herrn Pütz

Gesprächspartner:	**Herr Wolfgang Pütz**
	Firmenkundenberater Sparkasse Trier AöR
Ort des Gesprächs:	**Viehmarktplatz 20 54290 Trier**
Datum des Gesprächs:	**17. Januar 2012**
Dauer des Gesprächs:	**ca. 90 Minuten**

Interview:

1. Können Sie die Geschäftsphilosophie der Sparkasse Trier kurz erläutern?

- Breite Bevölkerung mit Geld zu versorgen
- Alte Philosophie: alle Bankdienstleistungen anzubieten, dabei ohne Gewinnerzielungsabsicht
- Vom Grundsatz her heute noch gültig
  - Gewinne dienen dazu, Gewinnrücklagen zu bilden, Investitionen zu tätigen oder Förderaktivitäten zu ermöglichen
  - Sparkasse erzielt jedoch EK-Aufstockung ausschließlich durch Gewinne
  - Besonderes Augenmerk auf Finanzierungsvolumen von KMU, denn mögliches Volumen ist vom EK der Sparkasse abhängig
- Regionalprinzip
  - Sparkasse ist an die Region gebunden und kann sich nicht aus dieser zurückziehen. Daher besteht besonderes Interesse, die Entwicklung und den Wohlstand in dieser Region zu fördern

2. Wie ist die Firmenkundenberatung der Sparkasse Trier aufgebaut? Werden hier KMU gesondert beraten?

- Kleinstunternehmer werden vor Ort in der Sparkassenfiliale beraten

- Kleine und mittlere Unternehmen bei Bedarf in der Gewerbekundenabteilung, größere Unternehmen in der Firmenkundenabteilung am Viehmarkt.

3. Wie definiert die Sparkasse Trier den Begriff „kleine und mittelständische Unternehmen" (KMU)?

- Keine feste Definition von KMU bei Sparkasse Trier
- Betreuung nach Finanzvolumen oder Umsatz
- Muss in Relation zur Region Trier gesehen werden
  - Zu kleinen, mittleren oder großen Unternehmen anderer Bezug als bspw. Commerzbank AG
  - Nach ISB Kriterien eigentlich nur kleine Unternehmen

4. Lässt sich die Geschäftsphilosophie der Sparkasse Trier spürbar bei der Kreditvergabe gegenüber KMU nachvollziehen?

- Geschäftsphilosophie lässt sich spürbar nachvollziehen
  - Denn auch hier gelten die Regionalorientiertheit und Förderung der Region
    - Kann alles als „Kreislauf" gesehen werden.... Die Sparkasse gehört der Stadt. Diese profitiert von guten Finanzierungsvoraussetzungen für ansässige Unternehmen. Steuern, Arbeitsplätze. Womit dann schließlich auch die Bürger der Region von der Geschäftsphilosophie bei der Finanzierung von KMU profitieren

5. Welche Bedeutung hat die Finanzierung von KMU für die Sparkasse Trier?

- Sehr große Bedeutung
- Kann schlecht in Zahlen ausgedrückt werden, jedoch basiert das Geschäft der Sparkasse hauptsächlich auf den „Kernbankgeschäften". Somit spielt die Kreditvergabe an Unternehmen, in der Region Trier vor allem an KMU, eine bedeutende Rolle

6. Verfolgt die Sparkasse Trier durch die Kreditvergabe an KMU eine Stärkung der Region Trier?

- Siehe oben

7. Welche besonderen Rahmenbedingungsunterschiede fallen Ihnen beim Vergleich zwischen KMU und großen bzw. kapitalmarktnahen Unternehmen ein?

- Personen- als auch Kapitalgesellschaften als Rechtsform bei KMU vorhanden
    - Jedoch selten AG
- Unternehmen profitieren bezüglich des Ratings bspw. vom Vorhandensein von z. B. :
    - Kaufmännischem Leiter
    - Controlling
    - Innerbetrieblichen Reportingpflichten
- Informationen an Banken sind somit besser. Je professioneller betriebsrelevanten Daten vorhanden sind, desto wahrscheinlicher kann das Rating gestaltet werden
- Tatbestand wirkt sich positiv im Rating von Unternehmen aus!
- Jedoch können meist nur mittlere oder größere Unternehmen diese informationsrelevanten Daten liefern
- Je größer ein Unternehmen, desto robuster ist es gegen Einflussfaktoren von außen

8. Welche Eigenarten der Finanzierungssituation bei KMU sehen Sie im Gegensatz zu großen bzw. kapitalmarktnahen Unternehmen?

- Hauptsächliche Finanzierung durch den Bankkredit bei KMU

9. Empfiehlt die Sparkasse Trier eine optimale Kapitalstruktur bei KMU und wenn ja, welche?

- Nein, keine Empfehlung
- Häufig existiert ein Extrem
    - Sehr hohe Eigenfinanzierung (dann wollen meist Inhaber der Unternehmung keine Kompetenzen an Fremdkapitalgeber abgeben)

   - Sehr hohe Fremdfinanzierung (schwer einen Ausgleich zu finden, da die Finanzstruktur schwer zu ändern ist)

10. Haben sich die Eigenkapitalquoten von betreuten KMU in den letzten Jahren deutlich verändert?

- Früher nicht so gute EK-Quoten
- Heute besser (im Krisenjahr waren mehr Kreditausfälle geplant, als wirklich passiert sind)
   - Unternehmer achten mehr darauf
   - Veränderung kann aus Misstrauen oder Angst vor Abhängigkeit hervorgehen

11. Kam es durch Basel II bei der Sparkasse Trier zu spürbaren Veränderungen der Kreditvergabe an KMU?

- Kompletter Kreditprozess wurde geändert
   - Kostete Geld und Zeit
- Kundenstruktur = keine externen Ratings von Unternehmen vorhanden (zu teuer und auch unnötig für die meisten KMU)
- Sparkasse musste Rating aufbauen (Zentral)
   - Wird jährlich justiert
- Jetzt im Kreditentscheidungsprozess nicht nur der Berater, sondern eine zweite „unabhängige" Person (Kreditrisikomanagementabteilung)
- Unternehmen besaßen Ängste bezüglich Kreditvergabe bzw. Rating
- Konditionen haben sich verändert. Kreditnehmer mit guter Bonität bzw. guten Sicherheiten in Folge Rating genießen bessere Konditionen, Kreditnehmer mit schlechter Bonität bzw. fehlenden Sicherheiten in Folge Rating müssen mit schlechteren Kreditkonditionen aufgrund eines Risikoaufschlages leben
- Rating jedoch vergangenheitsbezogen, kein Zukunftsblick

12. Welche Auswirkungen auf die Kreditvergabe sehen Sie in Bezug auf Basel III bezogen auf KMU?

- Noch nicht in der Praxis angekommen (bei Bank nicht, und auch nicht bei Nachfragen von Unternehmen)
- Wird den Effekt der Spreizung von Kreditkonditionen (wie oben beschrieben) womöglich verstärken

13. Welche Finanzierungsinstrumente sind nach Ihrer Meinung für KMU besonders geeignet?

- Bankkredite
- Leasing

14. Welche Finanzierungsinstrumente werden von KMU bei der Sparkasse Trier nachgefragt?

- Bankkredite
- Leasing (Förderung der Liquidität, aber auch EK-Quote)
- Vereinzelt Factoring
- Beteiligungsfinanzierungen

15. Wird der Bankkredit seine Bedeutung beibehalten?

- Ja, da KMU schwer Fremdkapital generieren können

16. Können Sie Einflussfaktoren auf die Kreditvergabe durch die Sparkasse Trier bei KMU nennen?

- Quantitative Faktoren
  - Bilanz
  - Jahresabschlüsse
  - Planzahlen (wenn vorhanden)

- Qualitative Faktoren
  - Kontoführung
  - Management-Qualifikation
  - Reporting-Möglichkeiten

- Miteinbeziehung von Sicherheiten und der Profitabilität in die Kreditentscheidung
  - Ja

- Nutzen Sie die risikoadjustierte Eigenkapitalrendite
  - Bei gewerblichen Krediten nur risikoadjustiert

17. Sehen Sie Faktoren, die eine aktuell erschwerte Kreditvergabe für KMU in Deutschland darstellen?

- Nein

18. Sehen Sie eine Zunahme der Wichtigkeit alternativer Finanzierungsinstrumente für KMU in Deutschland?

- Reine Theorie
- Themen gibt's schon lange, aus Amerika, in Deutschland wenig durchgesetzt
- Starke Zunahme nicht erwartet
  - Sind sehr kompliziert
  - Nicht billig
  - Bei Einzelfällen ja, aber ein Trend ist nicht erkennbar
  - Die, die nachfragen, sind meist Sonderfälle

19. Welche alternativen Finanzierungsinstrumente sind nach Ihrer Meinung für KMU besonders geeignet?

- Leasing
- Teils Factoring

20. Welche alternativen Finanzierungsinstrumente werden von KMU bei der Sparkasse Trier nachgefragt?

- Nachfrage zeigt, dass eigentlich nur Leasing und teils Factoring nachgefragt werden
- Vereinzelnd direkte Beteiligungsfinanzierungen

21. Welche alternativen Finanzierungsinstrumente werden in Zukunft Ihrer Meinung nach für KMU an Bedeutung gewinnen?

- Siehe Frage 18

22. Welche Förderungsinstitute werden bei der Finanzierung von KMU bei der Sparkasse Trier genutzt?

- KfW
- ISB
- Sparkasse stellt Vermittler dar, welcher aber Risiko tragen muss
- Kein Kostenvorteil durch natürliche Nähe zu den Landesbanken und Sonderkreditinstituten vorhanden
- Gewerbliche Kreditförderung von KMU erfolgt nur über Banken
  - Unternehmen muss Bank finden, die den Antrag stellt. Kreditmittel stellt Bank bei Zusage zur Verfügung. Überwiegende Haftung der Hausbank.
  - Kein Rechtsanspruch auf Finanzierung!

23. Stellt der zinsgünstige Kredit die häufigste Form der Förderungsmöglichkeit dar?

- Ja (zinssubventioniertes Darlehen)

24. Wie oft werden bspw. durch Haftungsfreistellung oder Ausfall-Bürgschaft fehlende Sicherheiten durch die Sparkasse Trier gestellt?

- Haftungsfreistellung bezieht sich auf die Hausbank, bspw. 50% der Haftungssumme (Kunde zahlt dafür Risikoaufschlag an KfW)
- Ausfallbürgschaft bei fehlenden Sicherheiten, bspw. übernimmt ISB Risiko)
- Beides schon häufiger

25. Werden eventuelle Förderungsmöglichkeiten für KMU direkt von der Sparkasse Trier angeboten oder müssen diese durch KMU selbst beantragt werden?
    - Sparkasse geh meist offensiv auf Kunden zu, falls Möglichkeiten passen
    - Aufgrund der Geschäftsbeziehung positiv für Vertrauensaufbau

26. Wie versucht die Sparkasse Trier, Neugeschäft im Bereich „Finanzierung von KMU" zu generieren?

    - Alle KMU besitzen eine Bankverbindung
    - Wenn der Kunde nicht ganz unzufrieden ist, bleibt er meistens
        - Daher schwierig, Kunden zu gewinnen. Besonders eine Kalt-Akquise ist nicht gewollt
        - Wenn potenzieller Kunde auf Bank zukommt, wird versucht, auch durch lukrative Konditionen den Kunden zu gewinnen
        - Achtung: Bonität des potenziellen Kunden!!!
        - In der Regel erfolgt Kundengewinn Schritt für Schritt über einzelne Bankdienstleistungen

27. Sieht die Sparkasse Trier im Mittelstandsgeschäft aufgrund des Drei-Säulen-Modells in der deutschen Kreditwirtschaft einen aggressiven Wettbewerb oder eine friedliche Koexistenz?

    - Teils, teils
    - Volksbanken eher Koexistenz, Geschäftsbanken Wettbewerb (aggressiv je nach Strategie der Geschäftsbank)

28. Worin sehen Sie Ihre Wettbewerbsvorteile gegenüber anderen Akteuren der Mittelstandsfinanzierung?

    - Strategien von Geschäftsbanken sind häufig wechselnd, Sparkasse eher geradliniger
    - Image der Sparkasse
    - Vor Ort erreichbar
    - Kurze Wege
    - Entscheidungsgewalt vor Ort

- Vertrauen der Kunden, traditionelle Geschäftsbeziehungen
- Sparkasse steht für das normale Bankgeschäft, hat keine „Zocker-Mentalität“
- Hoher Marktanteil (sowohl privat als auch gewerblich)
- Positive Kundenresonanzen auf Förderungsaktivitäten der Sparkasse

29. Existieren innerhalb des Bereiches der Finanzierung von KMU Branchen- oder Kundennischen, welche die Sparkasse Trier gezielt gewinnen möchte?

- Keine Zielbranchen, eher Ausschlussbranchen
    - Bspw. Hotel-, Gaststätten-, KFZ-Gewerbe
- Kundenstruktur aber eigentlich recht homogen
- Kundschaft ist Spiegelbild der Stadt

30. Sehen Sie Gründe, warum die Sparkassen als „Partner des Mittelstands“ gelten?

- Regionale Gebundenheit
- Jahrelange Zusammenarbeit

31. Sehen Sie neue Trends bezüglich der Finanzierung von KMU (bspw. die Unternehmensanleihe für KMU)?

- Trends wie früher
- Doch ist nicht jeder Trend praxisrelevant

32. Welche Finanzierungsinstrumente kann die Sparkasse Trier großen bzw. kapitalmarktnahen Unternehmen anbieten?

- Keine, die den direkten Kapitalmarkt betreffen

Wolfgang Pütz

Trier, Januar 2012

19/01/2012

Anhang X: Interview mit Herrn Dehen

Gesprächspartner: **Herr Gerhard Dehen**

Bereichsleiter Firmenkundengeschäft

Volksbank Trier eG

Ort des Gesprächs: **Herzogenbuscher Straße 16-18**

54292 Trier

Datum des Gesprächs: **30. Januar 2012**

Dauer des Gesprächs: **ca. 110 Minuten**

Interview:

1. Können Sie die Geschäftsphilosophie der Volksbank Trier kurz erläutern?

- Verweis auf Leitbild:
  - „*Die Zeiten ändern sich... Wir gestalten Zukunft*", Volksbank Trier eG

2. Wie ist die Firmenkundenberatung der Volksbank Trier aufgebaut? Werden hier KMU gesondert beraten?

Beratungs-schlüssel	Bezeichnung	Umsatzerlöse	Kreditvolumen
80	FK I	> 2,5 Millionen EUR	> 750 TEUR

125	FK II	> 1 - 2,5 Millionen EUR	> 250 TEUR
180	Gewerbekunden	> 250 TEUR - 1 Millionen EUR	> 50 TEUR
200	Freiberufler		> 50 TEUR
325	Geschäftskunden	< 250 TEUR	< 50 TEUR

- Betreuung nach Kreditvolumen oder Umsatz

3. Wie definiert die Volksbank Trier den Begriff „kleine und mittelständige Unternehmen“ (KMU)?

- Keine feste Definition (Kriterien: Umsatz, Kreditvolumen)
- Ob Unternehmen 40 oder 50 Mitarbeiter aufweist, macht eigentlich keinen großen Unterscheid
- Auch Finanzierungspotenziale spielen eine Rolle

4. Lässt sich die Geschäftsphilosophie der Volksbank Trier spürbar bei der Kreditvergabe gegenüber KMU nachvollziehen?

- Geschäftsphilosophie lässt sich spürbar nachvollziehen
- Mitglieder werden nicht bevorzugt behandelt
- Bei Finanzierungen neuer Kunden wird Mitgliedschaft erwünscht, aber nicht zwingend notwendig
- Idee: Vorteile der Mitgliedschaft
    - Nicht einer von vielen (wie bei anderen Kreditinstituten)
    - Mitspracherechte (maximaler Erwerb von 3 Anteilen möglich)
    - Rendite von 6%

5. Welche Bedeutung hat die Finanzierung von KMU für die Volksbank Trier?

- Große Bedeutung
- Volksbank tätigt vor allem traditionelle Bankgeschäfte, wie die Kreditvergabe an Unternehmen

6. Verfolgt die Volksbank Trier durch die Kreditvergabe an KMU eine Stärkung der Region Trier?

   - Frage nicht erwähnt

7. Welche besonderen Rahmenbedingungsunterschiede fallen Ihnen beim Vergleich zwischen KMU und großen bzw. kapitalmarktnahen Unternehmen ein?

   - Verschachtelungen in Unternehmen
     - Filialen
     - Zweigstellen
     - Tochtergesellschaften
   - Bei KMU muss eine Hierarchie implementiert werden

8. Welche Eigenarten der Finanzierungssituation bei KMU sehen Sie im Gegensatz zu großen bzw. kapitalmarktnahen Unternehmen?

   - Keine Finanzierungsmöglichkeiten über direkten Kapitalmarkt
   - Inhaber KMU stehen hinter dem Unternehmen
     - Haften somit meist mit Privatvermögen
     - Anonymität der Finanzierung nicht mehr vorhanden
     - Zeichen nach außen, dass Inhaber/Gesellschafter hinter einem Unternehmen stehen
   - *Exkurs Unternehmenslebenszyklus*:
     - Ersten 10 Jahre haftet der Unternehmer meist
     - Dann sollte Unternehmer Enthaftung anstreben
     - Unternehmen sollte dann ohne private Haftung auskommen

9. Empfiehlt die Volksbank Trier eine optimale Kapitalstruktur bei KMU und wenn ja, welche?

   - Nein, keine Empfehlung
   - Allgemein: je mehr, desto besser
   - Rund 30% EK-Anteil ist anzustreben
   - Branchenspezifische Strukturen weichen sich immer mehr auf

- Gewichtung der nachhaltigen Gewinnsituation gewinnt an Bedeutung
- Heute ist hoher Gewinnausweis wichtig, um an FK zu gelangen

10. Haben sich die Eigenkapitalquoten von betreuten KMU in den letzten Jahren deutlich verändert?

- Haben sich verändert
- Allgemein höhere EK-Quoten als früher

11. Kam es durch Basel II bei der Volksbank Trier zu spürbaren Veränderungen der Kreditvergabe an KMU?

- Ratingprozess hat sich stark verändert
- BVR stellt zentrales Ratingsystem zur Verfügung
- Seit Neuerung: Marginale positive Veränderungen bei Ausfallwahrscheinlichkeiten
    - Gründe:
        - Aktive Kreditbetreuung
        - Frühzeitige Erkennung von „Problemen"

12. Welche Auswirkungen auf die Kreditvergabe sehen Sie in Bezug auf Basel III bezogen auf KMU?

- Mögliches Finanzierungsvolumen abhängig von EK der Volksbank
    - Daher wichtig, Finanzierungsplanung von Kunden frühzeitig zu erschließen
    - Bereitschaft von Kunden, Geschäftszahlen zu liefern, wächst (auch gezwungener Weise)
- Keine großen Auswirken bei Kreditvergabe zu erwarten
- Unternehmer haben noch nicht bezüglich Basel III nachgefragt

13. Welche Finanzierungsinstrumente sind nach Ihrer Meinung für KMU besonders geeignet?

- Betriebsmittelkredite/Darlehen
- Leasing

- Derivate als Sicherungsinstrumente
    - Auch in Bezug zur aufkommenden Problematik von langfristigen Bankkrediten sind Derivate geeignet
    - Unternehmen können durch „Cap“ oder „Swap“ Laufzeit „erkaufen“
    - Problem: Kosten der Finanzierung und das Marktumfeld (bis 2014 keine großen Veränderungen des Zinsniveaus zu erwarten, daher z. Zt. nicht attraktiv)

14. Welche Finanzierungsinstrumente werden von KMU bei der Volksbank Trier nachgefragt?

- Bankkredite
- Leasing (Förderung der Liquidität, aber auch EK-Quote)
- Vereinzelt Factoring (hier bestehen jedoch oftmals Ängste gegenüber der offenen Zession)

15. Wird der Bankkredit seine Bedeutung beibehalten?

- Bankkredit eher rückläufig
- Gründe:
    - Zahlungsverkehr stellt Tor für Finanzierungsmöglichkeiten von Banken bei Unternehmen dar,
        - weil bei Kontoverbindung zumindest Kontokorrentkredit vorhanden
        - Jedoch wird Abwicklung des Zahlungsverkehrs heutzutage auch von anderen als Banken ermöglicht
        - Hier besteht die Gefahr, dass der Einstieg zur Finanzierung verlorengeht
    - Effekt wird verstärkt durch SEPA (Europäisches Clearingsystem)
        - Zahlungsverkehr wird EU-weit standardisiert
        - Notwendigkeit von Banken wird reduziert
    - Banken arbeiten heute schon gegen Effekt an, bspw.:
        - VR-Rechnungsservice
            - Übernahme des Zahlungsverkehrs incl. Aufbewahrungsfristen (rundum Service)

        - Bank muss wieder erkennbarer Dienstleister sein
- Aber auch: Ungewissheit im Marktumfeld
    - Banken refinanzieren sich zunehmend kurzfristig. Folge: die langfristige Bankfinanzierung für KMU wird ebenfalls erschwert. Daher eher kurzfristige Bankfinanzierungen

16. Können Sie Einflussfaktoren auf die Kreditvergabe durch die Volksbank Trier bei KMU nennen?

- Quantitative Faktoren
    - Bilanz
    - BWA (betriebswirtschaftliche Auswertung)
    - Aktuelle Selbstauskunft
    - Planzahlen (wenn vorhanden)
- Qualitative Faktoren
    - Kontoführung
    - Management-Qualifikation
- Miteinbeziehung von Sicherheiten und Profitabilität in die Kreditentscheidung
    - Ja, aber Sicherheiten sind ungleich Bonität
        - VB kein Pfandhaus. Geld für Rückzahlungen soll aus Gewinnen, nicht aus Sicherheiten stammen
- Nutzen Sie die risikoadjustierte Eigenkapitalrendite
    - Ja, hier spielt die Ausfallwahrscheinlichkeit eine wichtige Rolle
    - Schlechte Bonität spiegelt sich in erhöhtem Risikoaufschlag wider

17. Sehen Sie Faktoren, die eine aktuell erschwerte Kreditvergabe für KMU in Deutschland darstellen?

- Nein, aus Genossenschaftssicht
- Allgemein, ja
    - Großbanken haben sich im Marktumfeld anders positioniert als früher. Finanzierungsmöglichkeiten für Unternehmen bei Großbanken oftmals gar nicht mehr vorhanden, da Großbanken nicht mehr vor Ort/in der Region zu finden sind
    - Auch hier: aktuelles Marktumfeld ist von KMU zu beachten

18. Sehen Sie eine Zunahme der Wichtigkeit alternativer Finanzierungsinstrumente für KMU in Deutschland?

    - Zunahme, da langfristige Bankfinanzierungen erschwert werden (siehe dazu auch: Antworten der Frage 15 und 17)

19. Welche alternativen Finanzierungsinstrumente sind nach Ihrer Meinung für KMU besonders geeignet?
    - Derivate
    - Leasing
    - Factoring auch
    - Private Equity nicht
    - Beteiligungen im Wesentlichen von KfW/ISB oder auch Mittelstandsbeteiligungen
    - (hier: VR-Mittelstandsbeteiligungsprogramm)
    - Hürden jedoch sehr hoch

20. Welche alternativen Finanzierungsinstrumente werden von KMU bei der Volksbank Trier nachgefragt?

    - Leasing
    - Factoring
    - Vereinzelnd direkte Beteiligungsfinanzierungen

21. Welche alternativen Finanzierungsinstrumente werden in Zukunft Ihrer Meinung nach für KMU an Bedeutung gewinnen?

    - Meisten alternativen Finanzierungsinstrumente stellen meist nur Kunstwörter dar
    - Klingen toll, umschreiben Dinge, die jeder gerne hätte
    - Doch nur für Sonderfälle interessant

22. Welche Förderungsinstitute werden bei der Finanzierung von KMU bei der Volksbank Trier genutzt?

- KfW
- ISB
- Konditionen der KfW nicht mehr ganz so attraktiv; branchen- und unternehmenslebenszyklusspezifisch (bspw. erneuerbare Energien)
    - Allgemein: je höher Finanzierungsvolumen, desto geringer Förderung
- Abgestellte Mitarbeiter halten Team auf aktuellem Stand über Förderungsmöglichkeiten
- EDV-Programm zur optimalen Förderungssuche

23. Stellt der zinsgünstige Kredit die häufigste Form der Förderungsmöglichkeit dar?

- Ja (zinssubventioniertes Darlehen)

24. Wie oft werden bspw. durch Haftungsfreistellung oder Ausfall-Bürgschaft fehlende Sicherheiten durch die Volksbank Trier gestellt?

- Sehr selten
- Im Wesentlichen bei Existenzgründungen
    - Keine Erfahrungen
    - Risiko hoch

25. Werden eventuelle Förderungsmöglichkeiten für KMU direkt von der Volksbank Trier angeboten oder müssen diese durch KMU selbst beantragt werden?

- Sowohl als auch
- Unternehmer möchten gelegentlich selbst beantragen
- Kein großer Unterschied
- Verhalten kann Vertrauen aufbauen und ermöglicht/regelt aus Sicht der Bank eine klare Refinanzierungsbasis

26. Wie versucht die Volksbank Trier, Neugeschäft im Bereich „Finanzierung von KMU“ zu generieren?

- Aktive Neukundengewinnung angestrebt

  - Datenbanken
  - Selbstakquise
  - Mit Hilfe externer Partner, welche Geschäftskontakte herstellt

27. Sieht die Volksbank Trier im Mittelstandsgeschäft aufgrund des Drei-Säulen-Modells in der deutschen Kreditwirtschaft einen aggressiven Wettbewerb oder eine friedliche Koexistenz?

- Existiert das Drei-Säulen-Modell überhaupt noch?
- Inwieweit sind Großbanken für KMU überhaupt noch als Geschäftspartner anzusehen?
  - Großbanken zentrieren ihr Geschäft
  - Strategien wechseln häufig
- Aggressiver Wettbewerb eher unter Volksbanken in Grenzregionen und je nach potenzieller Großbankstrategie
- Sparkassen stellen natürlichen (starken) Konkurrenten dar

28. Worin sehen Sie Ihre Wettbewerbsvorteile gegenüber anderen Akteuren der Mittelstandsfinanzierung?

- Räumliche Nähe
- Schnelle Entscheidungswege/eher unbürokratisch
- Keine Abhängigkeit von Konzernentscheidungen
  - Bspw.: Zentralisierung der Firmenkundenberatung mit Folge wechselnder Ansprechpartner
- Starke Betonung des Individuums
- Kenntnisse des Marktes und der Akteure
  - Lange Geschäftsbeziehungen

29. Existieren innerhalb des Bereiches der Finanzierung von KMU Branchen- oder Kundennischen, welche die Volksbank Trier gezielt gewinnen möchte?

- Gesunder Branchenmix
  - Risikostreuung
- Keine Ausschlussbranchen

30. Sehen Sie Gründe, warum die Sparkassen als „Partner des Mittelstands" gelten?

- Guter Werbeslogan
- Volksbanken und Sparkassen ähneln sich hier in Merkmalen
    - Sparkasse mehr politikbezogen
        - Bspw.: Förderungsaktivitäten

31. Sehen Sie neue Trends bezüglich der Finanzierung von KMU (bspw. die Unternehmensanleihe für KMU)?

- Trends existieren schon lange
- Unternehmensanleihen sind interessant
    - Benötigen aber gute Werbung
    - Innerbetriebliche Bewegung von innen nach außen (Zahlendarstellung)
    - KMU fällt das schwer
- Mitarbeiterbeteiligungen
- Goldene Bilanzregel

32. Welche Finanzierungsinstrumente kann die Volksbank Trier großen bzw. kapitalmarktnahen Unternehmen anbieten?

- Grundsätzlich alle möglich, aber in der Praxis nicht angewandt
    - Aufgrund Volumen
- Wenn dann Vermittlung

Gerhard Dehen   Trier, Februar 2012

Anhang XI: Fragebogen 1

Unternehmen *(anonymisierte Unternehmenskennziffer wird nach Bearbeitung zugeteilt)*	Datum
10110761	12.01.12

Fragebogen bezieht sich auf folgende Region

Raumordnungsregion	**63**
Bestehend aus den Kreisen	*LK Bernkastel-Kues, Bitburg-Prüm, Daun sowie Trier-Saarburg und dem SK Trier*

1 Unternehmensdaten

	Einheit	2009	2010
Rechtsform	Art	UG	UG
Unternehmensalter	Jahre	2	3
Mitarbeiter (Anzahl der während eines Jahres beschäftigten Vollzeitarbeitnehmer ohne Auszubildende / Teilzeitbeschäftigte werden nur entsprechend ihres Anteils an den Jahresarbeitseinheiten berücksichtigt)	Anzahl	2	3
Jahresumsatz	€	-5000	-10.000
Jahresbilanzsumme	€	-	-
EK - Quote	%	100	100

Hinweis: Innenfinanzierung bestehend aus Gewinnen, Abschreibungen und Rücklagen

2 Kennen Sie folgende betriebliche Finanzierungsinstrumente ?

	1 (hohe Kenntnisse)	2	3	4	5	6 (keine Kenntnisse)
Innenfinanzierung		X				
Kurz- / mittelfristige Bankkredite	X					
Langfristige Bankkredite (Laufzeit mind. 5 Jahre)	X					
Anleihen, Schuldverschreibungen o.ä.				X		
Lieferantenkredite	X					
Factoring	X					
Leasing	X					
Einlagen von Gesellschaftern	X					
Beteiligungskapital	X					
Mezzanine Kapital	X					

3 Bedeutung einzelner Finanzierungsinstrumente für Ihr Unternehmen ?

	wichtig 1	zum Teil wichtig 2	unwichtig 3
Innenfinanzierung		X	
Kurz- / mittelfristige Bankkredite		X	
Langfristige Bankkredite (Laufzeit mind. 5 Jahre)			X
Anleihen, Schuldverschreibungen o.ä.			X
Lieferantenkredite	X		
Factoring			X
Leasing		X	
Einlagen von Gesellschaftern	X		
Beteiligungskapital	X		
Mezzanine Kapital			X

4 Worauf legen Sie bei der Finanzierungsauswahl wert?

	wichtig 1	zum Teil wichtig 2	unwichtig 3
Finanzierungskosten	X		
Finanzierungslaufzeit			X
Niedrige monatliche Tilgungsbelastung		X	
Konstante Belastung über Gesamtlaufzeit			X
Schnelle Rückzahlung der Darlehenssumme			X
Möglichkeiten zur variablen Tilgung			X
Kontroll- bzw. mitspracherechte Dritter			X
Steuerliche Aspekte			
Effekte einer möglichen Bilanzoptimierung			X
Förderungsmöglichkeiten bzw. Zuschüsse	X		
Sonstiges: für uns kommen nur Fördermittel, Gesellschafter-	X		

einlagen und kostenfreies Beteiligungskapital in Frage, denn Finanzierungskosten sind ein Zusatzrisiko für unser Risikounternehmen. Echtes Risikokapital bei dem der Geldgeber ausschließlich an der Unternehmenswertsteigerung verdient, so daß Interessensgleichheit besteht. In unseren Augen als Risikounternehmer einer Innovation macht es auch für einen Kreditgeber keinen Sinn sein Investment durch Kapitalerträge / Kosten zu gefährden. Auch das Mezzanine ist diesbezüglich weder Fisch noch Fleisch. Ist der Mezzanine Geldgeber Mitunternehmer oder kreditgebender Lieferant, der zur Not die Fortexistenz unseres Unternehmens gefährdet um seine Pfründe zu retten?

5 Wenn Sie zukünftige Finanzierungen tätigen, welche Finanzierungsinstrumente wollen Sie nutzen ?

	Ja	Vielleicht	Nein
Innenfinanzierung			X
Kurz- / mittelfristige Bankkredite			X
Langfristige Bankkredite (Laufzeit mind. 5 Jahre)			X
Anleihen, Schuldverschreibungen o.ä.			X
Lieferantenkredite	X		
Factoring			X
Leasing			X
Einlagen von Gesellschaftern	X		
Beteiligungskapital	X		
Mezzanine Kapital			X
Sonstiges: MUSKELHYPOTHEK der Gründer ist das weitaus	X		

wichtigste Instrument, Wir investieren 4 Mannjahre unbezahlt. Risikokreditgaben der Gesellschafter.

Hinweis: Frage 6 bitte nur beantworten, falls Frage 5 mit "Ja" oder "Vielleicht" beantwortet wurde

6 Zu welchem Zweck haben Sie vor zukünftige Finanzierungen zu tätigen ?

	Ja	Nein
Gründungsfinanzierung		X
Wachstumsfinanzierung	X	
Reifefinanzierung		X
Krisenfinanzierung		X
Sonstiges:		

7 Wie zufrieden sind Sie mit Ihrer Finanzierungssituation ?

sehr zufrieden 1	2	3	4	5	sehr unzufrieden 6
☐	☐	☐	☒	☐	☐

8 Sehen Sie Veränderungen der Kreditvergabe durch Banken ?

leichter	gleich	schwieriger
☐	☒	☐

9 Hinweis: Frage 9 bitte nur beantworten, falls Frage 8 mit "schwieriger" beantwortet wurde

Welche Gründe sehen Sie für die Verschlechterung der Kreditvergabe durch Banken ?

		Ja	Nein
Höhere Zinsbelastung		☐	☐
Anforderungen an die Dokumentation		☐	☐
Erfordernisse der Offenlegung		☐	☐
Nachweisen von mehr Sicherheiten		☐	☐
Zeitlich hinausgezogene Kreditentscheidungen		☐	☐
Probleme überhaupt noch Kredite zu erhalten		☐	☐
Sonstiges:		☐	☐

10 Nutzen Sie Förderungsmöglichkeiten bzw. Zuschüsse bei der Finanzierung ?

		Ja	Nein
Förderungsmöglichkeiten		☐	☒
Zuschüsse		☐	☒
Wenn ja, welche(s):			

Vielen Dank für Ihre Teilnahme

Anhang XII: Fragebogen 2

Unternehmen *(anonymisierte Unternehmenskennziffer wird nach Bearbeitung zugeteilt)*	Datum
10240541	18.01.12

Fragebogen bezieht sich auf folgende Region

Raumordnungsregion	**41**
Bestehend aus den Kreisen	*LK Kleve und Wesel sowie SK Duisburg, Essen, Mülheim a.d.R. und Oberhausen*

			Einheit	2009	2010
1	Unternehmensdaten				
	Rechtsform		Art	GmbH & Co. KG	GmbH & Co. KG
	Unternehmensalter		Jahre	229	230
	Mitarbeiter (Anzahl der während eines Jahres beschäftigten Vollzeitarbeitnehmer ohne Auszubildene / Teilzeitbeschäftigte werden nur entsprechend ihres Anteils an den Jahresarbeitseinheiten berücksichtigt)		Anzahl	759	767
	Jahresumsatz		€	214 Mio.	202 Mio.
	Jahresbilanzsumme		€	149 Mio.	156 Mio.
	EK - Quote		%	22%	36%

Hinweis: Innenfinanzierung bestehend aus Gewinnen, Abschreibungen und Rücklagen

2 Kennen Sie folgende betriebliche Finanzierungsinstrumente ?

	1 (hohe Kenntnisse)	2	3	4	5	6 (keine Kenntnisse)
Innenfinanzierung	☒	☐	☐	☐	☐	☐
Kurz- / mittelfristige Bankkredite	☒	☐	☐	☐	☐	☐
Langfristige Bankkredite (Laufzeit mind. 5 Jahre)	☒	☐	☐	☐	☐	☐
Anleihen, Schuldverschreibungen o.ä.	☐	☐	☒	☐	☐	☐
Lieferantenkredite	☒	☐	☐	☐	☐	☐
Factoring	☐	☒	☐	☐	☐	☐
Leasing	☒	☐	☐	☐	☐	☐
Einlagen von Gesellschaftern	☒	☐	☐	☐	☐	☐
Beteiligungskapital	☒	☐	☐	☐	☐	☐
Mezzanine Kapital	☐	☐	☒	☐	☐	☐

3 Bedeutung einzelner Finanzierungsinstrumente für Ihr Unternehmen ?

	wichtig 1	zum Teil wichtig 2	unwichtig 3
Innenfinanzierung	☒	☐	☐
Kurz- / mittelfristige Bankkredite	☒	☐	☐
Langfristige Bankkredite (Laufzeit mind. 5 Jahre)	☒	☐	☐
Anleihen, Schuldverschreibungen o.ä.	☐	☐	☒
Lieferantenkredite	☐	☒	☐
Factoring	☐	☒	☐
Leasing	☐	☒	☐
Einlagen von Gesellschaftern	☒	☐	☐
Beteiligungskapital	☐	☒	☐
Mezzanine Kapital	☐	☐	☒

4 Worauf legen Sie bei der Finanzierungsauswahl wert?

	wichtig 1	zum Teil wichtig 2	unwichtig 3
Finanzierungskosten	☒	☐	☐
Finanzierungslaufzeit	☒	☐	☐
Niedrige monatliche Tilgungsbelastung	☐	☒	☐
Konstante Belastung über Gesamtlaufzeit	☐	☒	☐
Schnelle Rückzahlung der Darlehenssumme	☐	☒	☐
Möglichkeiten zur variablen Tilgung	☐	☒	☐
Kontroll- bzw. mitspracherechte Dritter	☐	☐	☒
Steuerliche Aspekte	☐	☒	☐
Effekte einer möglichen Bilanzoptimierung	☐	☒	☐
Förderungsmöglichkeiten bzw. Zuschüsse	☐	☒	☐
Sonstiges: ***ausgewogene Engagementverteilung bei vorhandenem Kernbankenmix***	☒	☐	☐

5 Wenn Sie zukünftige Finanzierungen tätigen, welche Finanzierungsinstrumente wollen Sie nutzen ?

	Ja	Vielleicht	Nein
Innenfinanzierung	☒	☐	☐
Kurz- / mittelfristige Bankkredite	☐	☒	☐
Langfristige Bankkredite (Laufzeit mind. 5 Jahre)	☒	☐	☐
Anleihen, Schuldverschreibungen o.ä.	☐	☐	☒
Lieferantenkredite	☐	☐	☒
Factoring	☐	☐	☒
Leasing	☐	☒	☐
Einlagen von Gesellschaftern	☐	☒	☐
Beteiligungskapital	☐	☐	☒
Mezzanine Kapital	☐	☐	☒
Sonstiges:	☐	☐	☐

Hinweis: Frage 6 bitte nur beantworten, falls Frage 5 mit "Ja" oder "Vielleicht" beantwortet wurde

6 Zu welchem Zweck haben Sie vor zukünftige Finanzierungen zu tätigen ?

	Ja	Nein
Gründungsfinanzierung	☐	☒
Wachstumsfinanzierung	☒	☐
Reifefinanzierung	☐	☒
Krisenfinanzierung	☐	☒
Sonstiges:	☐	☐

7 Wie zufrieden sind Sie mit Ihrer Finanzierungssituation ?

sehr zufrieden 1	2	3	4	5	sehr unzufrieden 6
☐	☒	☐	☐	☐	☐

8 Sehen Sie Veränderungen der Kreditvergabe durch Banken ?

leichter	gleich	schwieriger
☐	☒	☐

9 Hinweis: Frage 9 bitte nur beantworten, falls Frage 8 mit "schwieriger" beantwortet wurde

Welche Gründe sehen Sie für die Verschlechterung der Kreditvergabe durch Banken ?

		Ja	Nein
Höhere Zinsbelastung		☐	☐
Anforderungen an die Dokumentation		☐	☐
Erfordernisse der Offenlegung		☐	☐
Nachweisen von mehr Sicherheiten		☐	☐
Zeitlich hinausgezogene Kreditentscheidungen		☐	☐
Probleme überhaupt noch Kredite zu erhalten		☐	☐
Sonstiges:		☐	☐

10 Nutzen Sie Förderungsmöglichkeiten bzw. Zuschüsse bei der Finanzierung ?

		Ja	Nein
Förderungsmöglichkeiten		☒	☐
Zuschüsse		☐	☒
Wenn ja, welche(s):			

insbesondere ERP-Innovationsprogramme der KfW, Abwasserprogramm NRW

Vielen Dank für Ihre Teilnahme

Anhang XIII: Fragebogen 3

Unternehmen *(anonymisierte Unternehmenskennziffer wird nach Bearbeitung zugeteilt)*	Datum
10320761	19.01.12

Fragebogen bezieht sich auf folgende Region	
Raumordnungsregion	**63**
Bestehend aus den Kreisen	*LK Bernkastel-Kues, Bitburg-Prüm, Daun sowie Trier-Saarburg und dem SK Trier*

1 Unternehmensdaten

	Einheit	2009	2010
Rechtsform	Art	GmbH	GmbH
Unternehmensalter	Jahre	22	23
Mitarbeiter (Anzahl der während eines Jahres beschäftigten Vollzeitarbeitnehmer ohne Auszubildene / Teilzeitbeschäftigte werden nur entsprechend ihres Anteils an den Jahresarbeitseinheiten berücksichtigt)	Anzahl	10	10
Jahresumsatz	€	0,9 Mio.	1 Mio.
Jahresbilanzsumme	€	0,5 Mio.	0,55 Mio.
EK - Quote	%	10	10

Hinweis: Innenfinanzierung bestehend aus Gewinnen, Abschreibungen und Rücklagen

2 Kennen Sie folgende betriebliche Finanzierungsinstrumente ?

	1 (hohe Kenntnisse)	2	3	4	5	6 (keine Kenntnisse)
Innenfinanzierung	X					
Kurz- / mittelfristige Bankkredite	X					
Langfristige Bankkredite (Laufzeit mind. 5 Jahre)	X					
Anleihen, Schuldverschreibungen o.ä.			X			
Lieferantenkredite	X					
Factoring						X
Leasing	X					
Einlagen von Gesellschaftern	X					
Beteiligungskapital					X	
Mezzanine Kapital						X

3 Bedeutung einzelner Finanzierungsinstrumente für Ihr Unternehmen ?

	1 (wichtig)	2 (zum Teil wichtig)	3 (unwichtig)
Innenfinanzierung	X		
Kurz- / mittelfristige Bankkredite		X	
Langfristige Bankkredite (Laufzeit mind. 5 Jahre)	X		
Anleihen, Schuldverschreibungen o.ä.			X
Lieferantenkredite	X		
Factoring			X
Leasing	X		
Einlagen von Gesellschaftern		X	
Beteiligungskapital			X
Mezzanine Kapital			X

4 Worauf legen Sie bei der Finanzierungsauswahl wert?

	wichtig 1	zum Teil wichtig 2	unwichtig 3
Finanzierungskosten	☒	☐	☐
Finanzierungslaufzeit	☒	☐	☐
Niedrige monatliche Tilgungsbelastung	☐	☒	☐
Konstante Belastung über Gesamtlaufzeit	☒	☐	☐
Schnelle Rückzahlung der Darlehenssumme	☐	☒	☐
Möglichkeiten zur variablen Tilgung	☒	☐	☐
Kontroll- bzw. mitspracherechte Dritter	☒	☐	☐
Steuerliche Aspekte	☒	☐	☐
Effekte einer möglichen Bilanzoptimierung	☒	☐	☐
Förderungsmöglichkeiten bzw. Zuschüsse	☒	☐	☐
Sonstiges: *unkomplizierte,laienverständliche Abwicklung*	☒	☐	☐

5 Wenn Sie zukünftige Finanzierungen tätigen, welche Finanzierungsinstrumente wollen Sie nutzen ?

	Ja	Vielleicht	Nein
Innenfinanzierung	☒	☐	☐
Kurz- / mittelfristige Bankkredite	☐	☒	☐
Langfristige Bankkredite (Laufzeit mind. 5 Jahre)	☒	☐	☐
Anleihen, Schuldverschreibungen o.ä.	☐	☐	☒
Lieferantenkredite	☒	☐	☐
Factoring	☐	☐	☒
Leasing	☒	☐	☐
Einlagen von Gesellschaftern	☐	☒	☐
Beteiligungskapital	☐	☐	☒
Mezzanine Kapital	☐	☐	☒
Sonstiges:	☐	☐	☐

Hinweis: Frage 6 bitte nur beantworten, falls Frage 5 mit "Ja" oder "Vielleicht" beantwortet wurde

6 Zu welchem Zweck haben Sie vor zukünftige Finanzierungen zu tätigen ?

	Ja	Nein
Gründungsfinanzierung	☐	☐
Wachstumsfinanzierung	☒	☐
Reifefinanzierung	☐	☐
Krisenfinanzierung	☐	☐
Sonstiges:	☐	☐

7 Wie zufrieden sind Sie mit Ihrer Finanzierungssituation ?

sehr zufrieden 1	2	3	4	5	sehr unzufrieden 6
☐	☒	☐	☐	☐	☐

8	Sehen Sie Veränderungen der Kreditvergabe durch Banken ?	leichter ☐	gleich ☐	schwieriger ☒

9	Hinweis: Frage 9 bitte nur beantworten, falls Frage 8 mit "schwieriger" beantwortet wurde			
	Welche Gründe sehen Sie für die Verschlechterung der Kreditvergabe durch Banken ?		Ja	Nein
	Höhere Zinsbelastung		☒	☐
	Anforderungen an die Dokumentation		☒	☐
	Erfordernisse der Offenlegung		☒	☐
	Nachweisen von mehr Sicherheiten		☒	☐
	Zeitlich hinausgezogene Kreditentscheidungen		☒	☐
	Probleme überhaupt noch Kredite zu erhalten		☒	☐
	Sonstiges: *Rating bestimmt Kreditwürdigkeit*		☒	☐

10	Nutzen Sie Förderungsmöglichkeiten bzw. Zuschüsse bei der Finanzierung ?		Ja	Nein
	Förderungsmöglichkeiten		☒	☐
	Zuschüsse		☒	☐
	Wenn ja, welche(s):			
	KFW-Darlehen, HWK-Darlehen			

Vielen Dank für Ihre Teilnahme

Anhang XIV: Fragebogen 4

Unternehmen *(anonymisierte Unternehmenskennziffer wird nach Bearbeitung zugeteilt)*	Datum
10430761	01.02.12

Fragebogen bezieht sich auf folgende Region

Raumordnungsregion	**62**
Bestehend aus den Kreisen	*LK Ahrweiler, Altenkirchen, Cochem-Zell, Mayen-Koblenz, Neuwied, Rhein-Lahn-Kreis, Rhein-Hunsrück-Kreis, Westerwaldkreis und dem SK Koblenz*

1 Unternehmensdaten

	Einheit	2009	2010
Rechtsform	Art	GmbH	GmbH
Unternehmensalter	Jahre	84	85
Mitarbeiter (Anzahl der während eines Jahres beschäftigten Vollzeitarbeitnehmer ohne Auszubildene / Teilzeitbeschäftigte werden nur entsprechend ihres Anteils an den Jahresarbeitseinheiten berücksichtigt)	Anzahl	4	4
Jahresumsatz	€ (T)	1.60 Mio.	1.59 Mio.
Jahresbilanzsumme	€	0,96 Mio.	1,01 Mio.
EK - Quote	%	12,5	1,5

Hinweis: Innenfinanzierung bestehend aus Gewinnen, Abschreibungen und Rücklagen

2 Kennen Sie folgende betriebliche Finanzierungsinstrumente ?

	1 (hohe Kenntnisse)	2	3	4	5	6 (keine Kenntnisse)
Innenfinanzierung	☐	☒	☐	☐	☐	☐
Kurz- / mittelfristige Bankkredite	☐	☐	☒	☐	☐	☐
Langfristige Bankkredite (Laufzeit mind. 5 Jahre)	☐	☐	☒	☐	☐	☐
Anleihen, Schuldverschreibungen o.ä.	☐	☐	☐	☒	☐	☐
Lieferantenkredite	☐	☐	☒	☐	☐	☐
Factoring	☐	☐	☒	☐	☐	☐
Leasing	☐	☒	☐	☐	☐	☐
Einlagen von Gesellschaftern	☐	☐	☒	☐	☐	☐
Beteiligungskapital	☐	☐	☒	☐	☐	☐
Mezzanine Kapital	☐	☐	☐	☐	☐	☒

3 Bedeutung einzelner Finanzierungsinstrumente für Ihr Unternehmen ?

	wichtig 1	zum Teil wichtig 2	unwichtig 3
Innenfinanzierung	☒	☐	☐
Kurz- / mittelfristige Bankkredite	☒	☐	☐
Langfristige Bankkredite (Laufzeit mind. 5 Jahre)	☐	☒	☐
Anleihen, Schuldverschreibungen o.ä.	☐	☐	☒
Lieferantenkredite	☐	☒	☐
Factoring	☐	☐	☒
Leasing	☐	☒	☐
Einlagen von Gesellschaftern	☐	☒	☐
Beteiligungskapital	☐	☐	☒
Mezzanine Kapital	☐	☐	☒

4 Worauf legen Sie bei der Finanzierungsauswahl wert?

	wichtig 1	zum Teil wichtig 2	unwichtig 3
Finanzierungskosten	☐	☒	☐
Finanzierungslaufzeit	☒	☐	☐
Niedrige monatliche Tilgungsbelastung	☐	☒	☐
Konstante Belastung über Gesamtlaufzeit	☒	☐	☐
Schnelle Rückzahlung der Darlehenssumme	☒	☐	☐
Möglichkeiten zur variablen Tilgung	☐	☒	☐
Kontroll- bzw. mitspracherechte Dritter	☐	☐	☒
Steuerliche Aspekte	☐	☒	☐
Effekte einer möglichen Bilanzoptimierung	☐	☒	☐
Förderungsmöglichkeiten bzw. Zuschüsse	☐	☐	☒
Sonstiges:	☐	☐	☐

5 Wenn Sie zukünftige Finanzierungen tätigen, welche Finanzierungsinstrumente wollen Sie nutzen ?

	Ja	Vielleicht	Nein
Innenfinanzierung	☒	☐	☐
Kurz- / mittelfristige Bankkredite	☒	☐	☐
Langfristige Bankkredite (Laufzeit mind. 5 Jahre)	☐	☒	☐
Anleihen, Schuldverschreibungen o.ä.	☐	☐	☒
Lieferantenkredite	☒	☐	☐
Factoring	☐	☐	☒
Leasing	☒	☐	☐
Einlagen von Gesellschaftern	☐	☒	☐
Beteiligungskapital	☐	☐	☒
Mezzanine Kapital	☐	☐	☒
Sonstiges:	☐	☐	☐

Hinweis: Frage 6 bitte nur beantworten, falls Frage 5 mit "Ja" oder "Vielleicht" beantwortet wurde

6 Zu welchem Zweck haben Sie vor zukünftige Finanzierungen zu tätigen ?

	Ja	Nein
Gründungsfinanzierung	☐	☒
Wachstumsfinanzierung	☒	☐
Reifefinanzierung	☐	☒
Krisenfinanzierung	☒	☐
Sonstiges:	☐	☐

7 Wie zufrieden sind Sie mit Ihrer Finanzierungssituation ?

sehr zufrieden 1	2	3	4	5	sehr unzufrieden 6
☐	☐	☒	☐	☐	☐

8 Sehen Sie Veränderungen der Kreditvergabe durch Banken ?

leichter	gleich	schwieriger
☐	☐	☒

9 Hinweis: Frage 9 bitte nur beantworten, falls Frage 8 mit "schwieriger" beantwortet wurde

Welche Gründe sehen Sie für die Verschlechterung der Kreditvergabe durch Banken ?

		Ja	Nein
Höhere Zinsbelastung		☒	☐
Anforderungen an die Dokumentation		☒	☐
Erfordernisse der Offenlegung		☐	☒
Nachweisen von mehr Sicherheiten		☒	☐
Zeitlich hinausgezogene Kreditentscheidungen		☒	☐
Probleme überhaupt noch Kredite zu erhalten		☐	☒
Sonstiges:		☐	☐

10 Nutzen Sie Förderungsmöglichkeiten bzw. Zuschüsse bei der Finanzierung ?

		Ja	Nein
Förderungsmöglichkeiten		☐	☒
Zuschüsse		☐	☒
Wenn ja, welche(s):			

Vielen Dank für Ihre Teilnahme

Anhang XV: Raumordnungsregionen

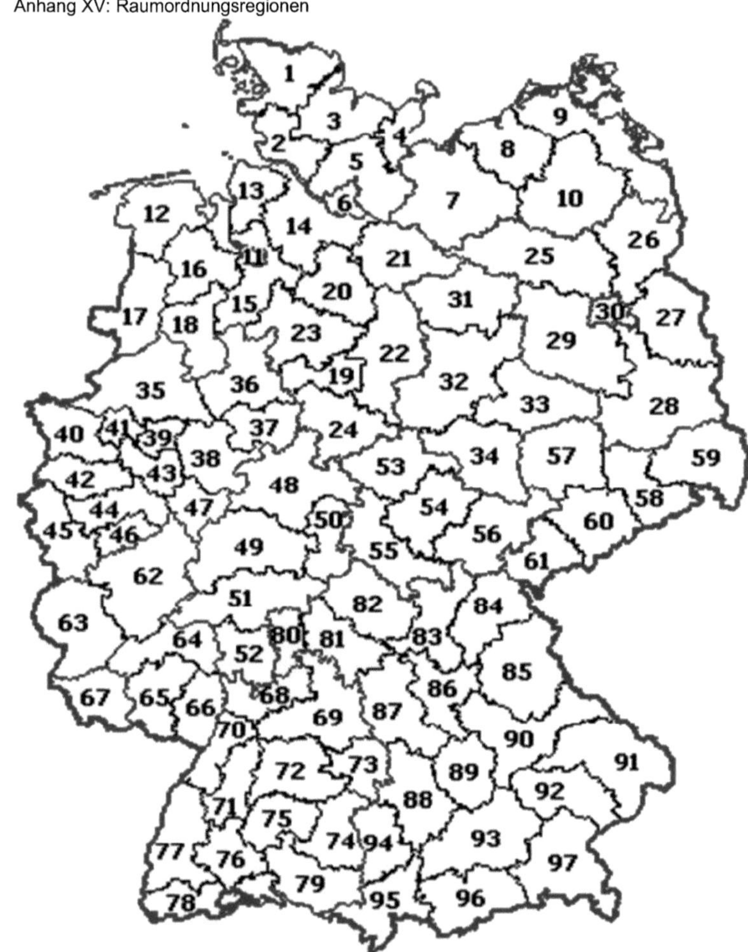

Quellenverzeichnis

Akerlof, G.
The Market for „Lemons“ – Quality Uncertainty and the Market Mechanism, in: The Quarterly Journal of Economic, Vol. 84, S. 488 - 500, 1970.

Achleitner, A. K.; von Einem, C.; von Schröder, B.
Private Debt – alternative Finanzierung für den Mittelstand, Stuttgart: Schäffer-Poeschel, 2004.

Atteslander, P.
Methoden der Empirischen Sozialwirtschaft, 13., neu bearbeitete und erweiterte Aufl., Berlin: Erich Schmidt, 2010.

Beck, T.
Die Projektorganisation und ihre Gestaltung, Berlin: Duncker & Humblot, 1996.

Becker, H. P.
Investition und Finanzierung – Grundlagen der betrieblichen Finanzwirtschaft (4., überarbeitete und erweiterte Aufl.), Wiesbaden: Gabler, 2010.

Behringer, S.
Unternehmensbewertung der Mittel- und Kleinbetriebe – Betriebswirtschaftliche Verfahrensweise. 4., neu bearbeitete und erweiterte Aufl., Berlin: Erich Schmidt, 2009.

Beiersdorf, K.; Zeimes, M.
IFRS – Relevanz für den Mittelstand. Neue Entwicklung im Rechnungswesen – Prozesse optimieren, Berichtswesen anpassen, Kosten senken, Wiesbaden: Gabler 2005

Berghaus, Uwe
Ich gebe Entwarnung, in: Initiativbanking – Das Mittelstandsmagazin der WGZ BANK, Ausgabe 4/2012, (Hrsg.): WGZ Bank AG, Düsseldorf: 2012.

Berk, J.; DeMarzo, P.
Grundlagen der Finanzwirtschaft – Analyse, Entscheidung und Umsetzung, München: Pearson, 2011.

Berthold F.
Familienunternehmen im Spannungsfeld zwischen Wachstum und Finanzierung, Köln – Lohmar: Josef Eul, 2010.

Bizenberger, R.
Informal Privat Debt – Ein Beitrag zur innovativen Finanzwirtschaft von Unternehmen, Wiesbaden: Gabler, 2008.

Börse Düsseldorf AG
Geschäftsbedingungen der Börse Düsseldorf AG für den Freiverkehr an der Börse Düsseldorf, 20. August 2013, (Hrsg.): Börse Düsseldorf AG, Düsseldorf: 2013.

Börse Stuttgart AG
Initiative Fokus Baden-Württemberg auf Erfolgskurs, in: Newsletter der Börse Stuttgart, Ausgabe 2 / Juli 2008, (Hrsg.): Börse Stuttgart AG, Stuttgart: 2008.

Börse Stuttgart AG
Mittelstandsanleihen haben sich in Deutschland etabliert – Börse Stuttgart stellt neue Studie vor, in: Pressemitteilung, 27. September 2011, (Hrsg.): Börse Stuttgart AG, Stuttgart: 2011.

Bösl, K.
Praxis des Börsenganges – Ein Leitfaden für mittelständische Unternehmen, Wiesbaden: Gabler, 2004.

Bundesministerium für Arbeit und Soziales
Schutzschirm für Kleinunternehmen, in: Pressemitteilung, 27. Januar 2010, Nr. 6, (Hrsg.): Bundesministerium für Arbeit und Soziales, Berlin: 2010.

Bundesministerium für Bildung und Forschung
Die neue Hightech-Strategie – Innovationen für Deutschland, Stand August 2014, (Hrsg.): Bundesministerium für Bildung und Forschung – Referat Grundsatzfragen der Innovationspolitik, Berlin: 2104.

Bundesministerium für Wirtschaft und Technologie
Wirtschaftliche Förderung – Hilfen für Investitionen und Innovationen, in: Allgemeine Wirtschaftspolitik, März 2009, (Hrsg.): Bundesministerium für Wirtschaft und Technologie, Berlin: 2009.

Bundesverband der Deutschen Industrie
BDI-Mittelstandspanel 2011 – Ergebnisse der Online-Mittelstandsbefragung Frühjahr 2011, (Hrsg.): Bundesverband der Deutschen Industrie e. V., im Auftrag vom Bundesverband der Deutschen Industrie e. V., Ernst & Young GmbH, IKB Deutsche Industriebank AG, Berlin: 2011.

Bundesverband der Deutschen Industrie
BDI-Mittelstandspanel 2014 – Aktuelle Ergebnisse der Frühlingsbefragung 2014, (Hrsg.): PricewaterhouseCoopers AG, im Auftrag vom Bundesverband der Deutschen Industrie e.V., Berlin: 2014.

Busse von Colbe, W.,
Betriebsgröße und Unternehmensgröße (4. Aufl.), in: Grochla, E.; Wittmann, W. (Hrsg.), Handwörterbuch der Betriebswirtschaft,, Bd. 1., Stuttgart: 1974.

Busse, F.-J.
Grundlagen der betrieblichen Finanzwirtschaft Management Wissen für Studium und Praxis (5. Aufl.), München: Oldenbourg, 2003.

Commerzbank AG
Welche Auswirkungen hat die Schuldenkrise Griechenlands auf den deutschen Mittelstand?, in: Positionspapier der Mittelstandsbank zu den Auswirkungen der Staatsschuldenkrise auf den deutschen Mittelstand, Dezember 2011, (Hrsg.): Commerzbank AG, Frankfurt am Main: 2011.

Commerzbank AG
Gute Schulden, schlechte Schulden: Unternehmertum in unsicheren Zeiten, in: 12. Studie der UnternehmerPerspektiven – Ergebnisse für den kleinen Mittelstand (2,5 bis 12,5 Mio. EURO Jahresumsatz), April 2012, (Hrsg.): Commerzbank AG, Frankfurt am Main: 2012.

Deutsche Bundesbank
Bank Lending Survey – Ergebnisse für Deutschland, (Hrsg.): Deutsche Bundesbank, Januar 2012, Frankfurt am Main: 2012.

Deutsche Bundesbank
Bank Lending Survey – Ergebnisse für Deutschland, (Hrsg.): Deutsche Bundesbank, Januar 2014, Frankfurt am Main: 2014.

Drukarczyk, J.
Finanzierung, 10. Aufl., Stuttgart: UTB/Lucius&Lucius, 2008.

DZ Bank AG
Mittelstand im Mittelpunkt – Ausgabe Frühjahr 2013, in: DZ Bank Wirtschaftsbrief, Nr. 348, (Hrsg.): DZ Bank AG Deutsche Zentral-Genossenschaftsbank, Frankfurt: 2013.

DZ Bank AG
Mittelstand im Mittelpunkt – Ausgabe Frühjahr 2014, in: DZ Bank Wirtschaftsbrief, Nr. 388, (Hrsg.): DZ Bank AG Deutsche Zentral-Genossenschaftsbank, Frankfurt 2014.

European Commission
Programs for SMEs — An overview of the main funding opportunities available to European SMEs, in: European Union Support, January 2012, (Hrsg.): European Commission, 2012.

Europäische Gemeinschaft
Die neue KMU-Definition – Benutzerhandbuch und Mustererklärung, (Hrsg.): Europäische Gemeinschaft, 2006.

Europäische Gemeinschaft
Der „Small Business Act“ für Europa – Vorfahrt für KMU in Europa, in: Mitteilung der Kommission an das Europäische Parlament, den Rat, den Europäischen Wirtschafts- und Sozialausschuss und den Ausschuss der Regionen, 25. Juni 2008, (Hrsg.): Kommission der Europäischen Gemeinschaft, Brüssel: 2008.

Europäische Kommission
Überprüfung des „Small Business Act“ für Europa, in: Mitteilung der Kommission an das Europäische Parlament, den Rat, den Europäischen Wirtschafts- und Sozialausschuss und den Ausschuss der Regionen, 23. Februar 2011, (Hrsg.): Europäische Kommission, Brüssel: 2011.

Europäische Kommission
Small Business Act (SBA) Datenblatt Deutschland 2010/2011, (Hrsg.): Europäische Kommission, Brüssel: 2011(b).

Europäische Kommission
Empfehlung der Kommission vom 6. Mai 2003 – Betreffend die Definition der Kleinstunternehmen sowie der kleinen und mittleren Unternehmen, in: Amtsblatt der Europäischen Union, (Hrsg.): Europäische Kommission, Brüssel: 2013.

Europäische Kommission
Europäische Kommission, Beobachtungsnetz der europäischen KMU 2003, Nr. 7: KMU in Europa 2003, Luxemburg: 2004.

Everling, O.
Certified Rating Analyst, München: Oldenbourg, 2008.

FGM
Factoring Angebote im Vergleich, 27. Februar 2012, (Hrsg.): FGM Finanzierungsgruppe Mittelstand LTD, 2012.

Fischl, B.
Alternative Unternehmensfinanzierung für den deutschen Mittelstand, 2., aktualisierte Aufl., Wiesbaden: Gabler, 2011.

Forschungsgemeinschaft für Außenwirtschaft, Struktur- und Technologiepolitik
Mikrofinanzierung und Mezzanine-Kapital für Gründung und KMU – Studie für das Bundesministerium für Arbeit und Soziales, 27. Mai 2009, (Hrsg.): Forschungsgemeinschaft für Außenwirtschaft, Struktur- und Technologiepolitik e. V., Berlin: 2009.

Gantzel, K.
Wesen und Begriff der mittelständischen Unternehmung, Köln und Opladen: 1962.

Gerke, W.
... und das sagt der Finanz-Experte, in: Genussvolle Geldanlage, 29. Dezember 2011, (Hrsg.): Abendzeitung Nürnberg, 2011.

Grunow, H. W.
Mittelstandsfinanzierung – Ein Leitfaden für Unternehmen, Frankfurt am Main: Frankfurt School Verlag, 2010.

Gündel, M.; Katzorke, B.
Private Equity – Finanzierungsinstrumente und Anlagemöglichkeiten, Köln: Bank-Verlag Medien, 2007.

Häger, M.; Elkemann-Reusch, M.
Mezzanine Finanzierungsinstrumente – Stille Gesellschaft, Nachrangdarlehen, Genussrechte, Wandelanleihen, 2., völlig neu bearbeitete und erweiterte Aufl., Berlin: Erich Schmidt, 2007.

Hanker, P.
Kredite für den Mittelstand – Was sich verändert hat, worauf Sie achten sollten, was Ihnen Vorteile bringt, Frankfurt am Main: Knapp Verlag, 2007.

Hauser, H. E.; Kay, R.
Unternehmensnachfolgen in Deutschland 2010 bis 2014 – Schätzung mit weiterentwickelten Verfahren, (Hrsg.): Institut für Mittelstandsforschung, in: IfM-Materialen Nr. 198, Bonn: 2010.

Herzinger, T.
Der gewerbliche Mittelstand in der Finanz- und Wirtschaftskrise – Finanzierung und finanzielle Förderung baden-württembergischer KMU, Hamburg: Diplomica, 2010.

Homburg, C.; Krohmer, H.
Marketingmanagement: Strategie – Instrumente – Umsetzung – Unternehmensführung, 3., überarbeitete und erweiterte Aufl., Wiesbaden: Gabler, 2009.

Hommel, U.
Programm-Mezzanine – Quo Vadis? Eine empirische Untersuchung der Refinanzierungsproblematik aus Unternehmenssicht, (Hrsg.): EBS Business School mit Unterstützung der IKB Deutsche Industriebank AG, Wiesbaden: 2010.

Hull, J.
Optionen, Futures und andere Derivate, 7. Aufl., München: Pearson, 2006.

Hutzschenreuter, T.
Allgemeine Betriebswirtschaftslehre: Grundlagen mit zahlreichen Praxisbeispielen, 3. Auflage, Wiesbaden: Gabler, 2009.

Icks, A.
Der Mittelstand in Deutschland, in: Sitzung des Thematischen Initiativkreises „Mittelstand“ der Initiative Neue Qualität der Arbeit, 12. Juni 2006, (Hrsg.): Institut für Mittelstandsforschung Bonn, Berlin: 2006.

IfM Bonn
KMU-Definition des IfM Bonn, 01. Januar 2002, (Hrsg.): Institut für Mittelstandsforschung Bonn, Bonn: 2012.

IfM Bonn
Die volkswirtschaftliche und gesellschaftliche Bedeutung von KMU, KMU-Anteile in Deutschland 2006, http://www.offensive-mittelstand.-de/site.aspx?url=/html/mittelstand/proj_04.htm, aufgerufen am 16. April 2013.

Iliou, C.
Corporate Governance und mittelständische Familienunternehmen – Ein nur scheinbarer Widerspruch, Köln – Lohmar: Josef Eul, 2010.

Janssen, J.
Rechnungslegung im Mittelstand, Wiesbaden: Gabler, 2009.

Jost, P. J.
Die Principal-Agent-Theorie in der Betriebswirtschaftslehre, Stuttgart. Schäffer-Poeschel, 2001.

Kaltenbeck, J.
Crowdfunding und Social Payments – Im Anwendungskontext von Open Educational Resources, Berlin: Epubli, 2011.

Kayser, G.; Wallau, F.
Der Mittelstand: Rückgrat der NRW-Wirtschaft, in: Bundesministerium für Wirtschaft, Mittelstand und Energie (Hrsg.), Wirtschaft in NRW 2006, Konjunktur, Perspektiven, Prognose, Düsseldorf 2006.

Kayser, G.; Wallau, F., Adenauer, K.
BDI-Mittelstandspanel, Ergebnisse der Online-Mittelstandsbefragung, Herbst 2006, IfM-Materialien, Nr. 169, Bonn 2006.

Keuper F.; Schunk H.
Internationalisierung deutscher Unternehmen – Strategien, Instrumente und Konzepte für den Mittelstand, 2. Aufl., Wiesbaden: Gabler, 2011.

KfW-Bankengruppe
KfW-Mittelstandspanel 2011 – Mittelstand gut gerüstet gegen zunehmende Finanzierungsrisiken und konjunkturelle Abschwächungen, (Hrsg.): KfW-Bankengruppe, Frankfurt am Main: 2011.

KfW-Bankengruppe
KfW-Gründungsmonitor 2011 – Dynamisches Gründungsgeschehen im Konjunkturaufschwung, (Hrsg.): KfW-Bankengruppe, Frankfurt am Main, 2011(b).

KfW Mittelstandsbank
KMU-Definition – Allgemeine Erläuterung zur Definition der Kleinstunternehmen sowie der kleinen und mittleren Unternehmen, Juni 2008, (Hrsg.): KfW-Mittelstandsbank, Frankfurt: 2008.

Klee, B.
Gut finanziert – Gut in den Start – Existenzgründerabend Trier, 29. November 2011, (Hrsg.): Investitions- und Strukturbank Rheinland-Pfalz GmbH, Mainz: 2011.

Kolbeck, C.; Wimmer, R.
Finanzierung für den Mittelstand – Trends, Unternehmensrating, Praxisfälle (Nachdruck), Wiesbaden: Gabler, 2002.

Kollmann, T.
Unternehmensgründung - Gabler Kompakt Lexikon, 2., überarbeitete und erweiterte Aufl., Wiesbaden: Gabler, 2009.

Koop, M.; Maurer, K.
Mittelstandsfinanzierung in Deutschland – Finanzierungskonzepte im Zeitalter von Basel II, Saarbrücken: VDM, 2006.

Kroschel, J., Richter, J.
Auswirkungen des MilMoG auf die Handels- und Steuerbilanz von kleinen und mittleren Unternehmen, Berlin: Logos, 2010.

Krüger, W., Klippstein, G.; Merk, R.; Wittberg, V.
Praxishandbuch des Mittelstands – Leitfaden für das Management mittelständischer Unternehmen, Wiesbaden: Gabler, 2006.

Landesbank Baden-Württemberg
ABS Kompakt - Unsere ABS-Lösung für den Mittelstand, https://lbbw-business.de/actions/menu?lang=de&entry=2650, aufgerufen am 20. August 2014.

Lamnek, S.
Qualitative Sozialforschung, 4.Aufl., Weinheim: Beltz, 2005.

Leißl, A.
Der Beitrag der Kreditgenossenschaften zur Finanzierung kleiner und mittlerer Unternehmen – Eine historische und finanzierungstheoretische Analyse, Hamburg: Dr. Kovac, 2011.

Mayer, H. O.
Interview und schriftliche Befragung – Entwicklung, Durchführung, Auswertung, 4. Aufl., München: Oldenbourg, 2008.

Mayring, P.
Einführung in die qualitative Sozialforschung, 5., überarbeitete und neu ausgestattete Aufl., Weinheim und Basel: Beltz, 2002.

Meyer, J. A.
Strategien von kleinen und mittleren Unternehmen – Jahrbuch der KMU-Forschung und -Praxis 2010 in der Edition „Kleine und mittlere Unternehmen, Köln – Lohmar: Josef Eul, 2010.

Müller, S.; Brackschulze K., Mayer-Friedrich, D.
Finanzierung mittelständischer Unternehmen nach Basel III – Selbstrating, Risikocontrolling, Finanzierungsalternativen, 2. Aufl., München: Vahlen, 2011.

Olfert, K.
Finanzierung, 15., verbesserte und aktualisierte Aufl., Herne: Kiehl, 2011.

Sparkassenverband
Basel III – Gefahr für den Mittelstand, in: Basel III-Resolution, 23. November 2011, (Hrsg.): Sparkassenverband Rheinland-Pfalz, Budenheim: 2011.

Statistisches Bundesamt
Zugang kleiner und mittelständischer Unternehmen zu Finanzmitteln, September 2011 (Hrsg.): Statistisches Bundesamt, Wiesbaden: 2011.

Pape, U.
Grundlagen der Finanzierung und Investition – Mit Fallbeispielen und Übungen, 2. Aufl., München: Oldenbourg, 2011.

Perridon, L., Steiner, M.; Rathgeber, A.
Finanzwirtschaft der Unternehmung, 15., überarbeitete und erweiterte Aufl., München: Vahlen, 2009.

Pfohl, C.,
Betriebswirtschaftslehre der Mittel- und Kleinbetriebe: Größenspezifische Probleme und Möglichkeiten zu ihrer Lösung, 4., völlig neu bearbeitete Auflage, Berlin: Erich Schmidt, 2006.

Portisch, W.
Finanzierung im Unternehmenslebenszyklus, München: Oldenbourg, 2008.

Reichling, P.; Beinert C.; Henne, A.
Praxishandbuch Finanzierung, Wiesbaden: Gabler, 2005.

Reinemann, H.
Mittelstandsmanagement – Einführung in Theorie und Praxis, Stuttgart: Schäffer-Poeschel, 2011.

Rösler, P., Mackenthun, T.; Pohl, R.
Handbuch Kreditgeschäft, 6. Aufl., Wiesbaden: Gabler, 2002.

Salge, T. O.
Strategische Finanzierungsberatung für den Mittelstand – Wettbewerbsvorteile dank optimierter Finanzierung, Stuttgart: Ibidem, 2006.

Scheld, G.
Betriebswirtschaftliche Kennzahlenanalyse – Unter Berücksichtigung mittelständischer Unternehmen, Büren: Fachbibliothek, 2009.

Schlüter, T.
Fitnessprogramm für KMU und Familienunternehmen – Verbesserung der Ertragslage, Sicherheit, Zukunftsfähigkeit und Flexibilität von Unternehmen in Zeiten turbulenter und dynamischer Märkte, Hamburg: Diplomica, 2007.

Schneck, O.
Handbuch alternativer Finanzierungsformen – Anlässe, Private Equity, Genussscheine, ABS, Leasing, Factoring, Mitarbeiterbeteiligung, BAV, Franchising, Partiarisches Darlehen, Börsengang, Weinheim: Wiley - VCH, 2006.

Söllner, R.

Ausgewählte Ergebnisse für kleine und mittlere Unternehmen in Deutschland 2009, (Hrsg.): Statistisches Bundesamt, in: Wirtschaft und Statistik, Wiesbaden: 2011.

Straub, T.

Einführung in die Allgemeine Betriebswirtschaftslehre, München: Pearson, 2012.

Tontsch, K.

Wurst-Aktie brummt – Seukendorfer Metzgerei gibt Genussscheine aus, 06. Januar 2012, (Hrsg.): Fürther Nachrichten, Fürth: 2012.

TU Dresden

Beteiligungen, http://finance.wiwi.tu-dresden.de/Wiki-fi/index.php/Beteiligungen, aufgerufen am 18. April 2013.

Uszczapowski, I.

Optionen und Futures verstehen – Grundlagen und neuere Entwicklungen, Frankfurt am Main: Beck, 1999.

Volks- und Raiffeisenbank Trier eG

Die Zeiten ändern sich... Wir gestalten Zukunft – Leitbild Volks- und Raiffeisenbank Trier eG, (Hrsg.): Volks- und Raiffeisenbank Trier eG, 2012.

Werner, S. H.

Mezzanine-Kapital: Mit Mezzanine-Finanzierung die Eigenkapitalquote erhöhen, 2., aktualisierte Aufl., Bergisch Gladbach: Bank Verlag Medien, 2007.

Wiener Feinbäckerei Heberer GmbH

Wertpapierprospekt „7% Unternehmensanleihe“ (WKN A1KRAV), 26. Juli 2011, (Hrsg.): Wiener Feinbäckerei Heberer GmbH, Mühlheim am Main: 2011.

Wild, C.; Friedrich, R.

Finanzierung von kleinen und mittleren Unternehmen (KMU) – Alternative Finanzierungsformen als Antwort auf die neuen Herausforderungen durch Basel II, Saarbrücken: VDM, 2008.

Wirtschaftslexikon Gabler (a)
Selbstfinanzierung, http://wirtschaftslexikon.gabler.de/Definition/selbstfinanzierung.html, aufgerufen am 21. Mai 2013.

Wirtschaftslexikon Gabler (b)
Mezzanine-Finanzierung, http://wirtschaftslexikon.gabler.de/Definition/mezzanine-finanzierung.html, aufgerufen am 18. Mai 2013.

Wirtschaftslexikon Gabler (c)
Junior Debt, http://wirtschaftslexikon.gabler.de/Definition/junior-debt.html, aufgerufen am 18. Mai 2013.

Wirtschaftslexikon Gabler (d)
Darlehen, http://wirtschaftslexikon.gabler.de/Definition/darlehen.html, aufgerufen am 25. April 2013.

Wirtschaftslexikon Gabler (e)
Basel III, http://wirtschaftslexikon.gabler.de/Definition/basel-iii.html, aufgerufen am 26. April 2013.

Wirtschaftslexikon Gabler (f)
Stille Gesellschaft, http://wirtschaftslexikon.gabler.de/Definition/stille-gesellschaft.html, aufgerufen am 08. Mai 2013.

Witt, H.
Forschungsstrategien bei quantitativer und qualitativer Sozialforschung. Forum Qualitative Sozialforschung / Forum Qualitative Social Research, 2(1), Art. 8, 2001.

Wöhe, G.
Einführung in die allgemeine Betriebswirtschaftslehre, 24., überarbeitete und aktualisierte Aufl., München: Vahlen, 2010.

Wolter, H.; Hauser, H.,
Die Bedeutung des Eigentümerunternehmens in Deutschland – Eine Auseinandersetzung mit der qualitativen und quantitativen Definition des Mittelstandes, in: IfM (Hrsg.), Jahrbuch zur Mittelstandsforschung 1/2001, Wiesbaden 2001.

Wolters, M.; Kaschny, M.
Geschäftsprozessmanagement in KMU – Dargestellt anhand der Auftragsabwicklung in der Gebäudetechnik, Lohmar – Köln: Josef Eul, 2010.

Woytt, T.
Fremdfinanzierungsratgeber für kleine Unternehmen, Köln – Lohmar: Josef Eul, 2009.

Zantow, R., Dinauer, J.
Finanzwirtschaft des Unternehmens – Die Grundlage des modernen Finanzmanagements, 3., aktualisierte Aufl., München: Pearson, 2011.

Zimmermann, V.; Steinbach, J.
Unternehmensbefragung 2011 – Folgen der Krise auf die Unternehmensfinanzierung weitgehend überwunden – Strukturelle Finanzierungsprobleme rücken wieder in den Vordergrund, (Hrsg.): KfW-Bankengruppe, Frankfurt am Main: 2011.